天津市科协资助出版

高强钢筋混凝土异形柱
及节点试验与设计方法

戎　贤　张健新　著

U0321979

人民交通出版社股份有限公司
China Communications Press Co.,Ltd.

内 容 提 要

本书详细介绍了高强钢筋混凝土异形柱及节点试验与设计方法。全书分2篇,共9章。主要针对异形柱结构节点薄弱问题,提出在异形柱框架节点核心区加入纤维对节点薄弱部位进行增强,并探讨了纤维对异形柱节点薄弱部位的增强效果,给出了纤维增强异形柱框架节点的设计方法,分析了高强钢筋混凝土异形柱的破坏过程,给出了高强钢筋混凝土异形柱抗震性能指标,为异形柱结构进一步推广及应用提供试验与理论研究依据。

本书可供从事结构工程研究工作的科研人员、大专院校的教师、研究生及高年级的本科生使用。

图书在版编目(CIP)数据

高强钢筋混凝土异形柱及节点试验与设计方法 / 戎贤,张健新著. — 北京:人民交通出版社股份有限公司,2017.8

ISBN 978-7-114-14216-1

Ⅰ. ①高… Ⅱ. ①戎… ②张… Ⅲ. ①高强混凝土—钢筋混凝土—异形柱—节点—试验研究 ②高强混凝土—钢筋混凝土—异形柱—节点—设计 Ⅳ. ①TU528.571

中国版本图书馆 CIP 数据核字(2017)第 236789 号

Gaoqiang Gangjin Hunningtu Yixingzhu ji Jiedian Shiyan yu Sheji Fangfa
书　　名:高强钢筋混凝土异形柱及节点试验与设计方法
著 作 者:戎　贤　张健新
责任编辑:赵瑞琴
出版发行:人民交通出版社股份有限公司
地　　址:(100011)北京市朝阳区安定门外外馆斜街 3 号
网　　址:http://www.ccpress.com.cn
销售电话:(010)59757973
总 经 销:人民交通出版社股份有限公司发行部
经　　销:各地新华书店
印　　刷:北京鑫正大印刷有限公司
开　　本:787×980　1/16
印　　张:7.5
字　　数:133 千
版　　次:2017 年 8 月　第 1 版
印　　次:2017 年 8 月　第 1 次印刷
书　　号:ISBN 978-7-114-14216-1
定　　价:28.00 元

(有印刷、装订质量问题的图书由本公司负责调换)

前　　言

异形柱框架结构具有良好的建筑使用功能等一系列优点,在国内许多地区得到了广泛的工程应用。但由于异形柱结构节点薄弱部位的存在,限制了异形柱框架结构的结构高度与使用范围。本书针对异形柱结构节点薄弱的问题,提出在异形柱框架节点核心区加入纤维对节点薄弱部位进行增强,并探讨了纤维对异形柱节点薄弱部位的增强效果。在我国大力倡导节能环保的背景下,有必要在异形柱框架梁柱节点中应用强度高、综合性能好的钢筋,研究和探讨高强钢筋混凝土异形柱的受力性能以及抗震性能,为异形柱结构进一步推广及应用提供试验与理论研究依据。

本书分 2 篇。第一篇为高强钢筋混凝土异形柱框架节点试验及设计方法研究,第二篇为高强钢筋混凝土异形柱试验研究。第一篇共 5 章:第 1 章为绪论,介绍了高强钢筋混凝土异形柱框架节点的发展历程;第 2 章论述了纤维增强的异形柱节点抗震性能试验设计;第 3、4 章分别分析了高强钢筋混凝土异形柱框架节点受力性能及抗震性能试验结果;第 5 章对高强钢筋混凝土异形柱框架节点受剪承载力设计方法进行了研究。第二篇共 4 章:第 6 章为绪论,介绍了高强钢筋混凝土异形柱的发展历程及主要研究内容;第 7 章论述了高强钢筋混凝土异形柱抗震性能试验设计及加载方案;第 8 章分析了高强钢筋混凝土异形柱的破坏特征和钢筋应变等受力性能指标;第 9 章分析了高强钢筋混凝土异形柱的承载能力及延性、滞回曲线、骨架曲线、刚度退化以及耗能能力等抗震性能试验结果。

本书的读者对象主要为大专院校的教师、研究生以及科研机构的工程技术人员。

尽管作者慎之又慎,但由于水平有限,书中难免存在不妥之处,敬请读者批评指正。

编　者
2017 年 7 月

目　　录

第一篇

高强钢筋混凝土异形柱框架节点试验及设计方法研究

1 绪 论

1.1 研究背景及意义

钢筋混凝土异形柱结构体系是我国建筑工程领域内的一项新型结构形式,由天津市轻工业设计院、建材工业设计院等设计单位在探索建筑功能灵活、平面布置合理的住宅体系中率先在国内提出的。异形柱是指截面几何形状为 L 形、T 形和十字形,且截面各肢的肢高肢厚比不大于 4 的柱;异形柱结构是指采用异形柱的框架结构和框架—剪力墙结构[1]。钢筋混凝土异形柱结构的特点包括灵活的使用功能、简洁美观的建筑结构形式、合理的受力性能等,具有增加建筑室内的有效使用面积、避免矩形柱在室内出现棱角以方便家居布置等优点而受到广大用户的欢迎。20 世纪 70 年代后,异形柱结构体系在工程实践中取得了良好的经济、社会及环境效益,具有良好的发展前景。国务院住房与城乡建设部等相关部门曾下达文件将异形柱结构住宅体系列为住宅建设主要结构体系之一。在国家鼓励异形柱结构住宅体系的发展进程中,异形柱将在未来住宅体系中占据重要位置。因此,研究异形柱结构体系有助于加快我国住宅建设进程。

节点作为梁柱的传力枢纽,在结构中起着重要的作用。但研究及震害资料表明,节点失效导致结构破坏的现象在地震中较为常见[2]。由于异形柱框架节点自身的特点,受力更加复杂,加之混凝土振捣不密实等施工质量问题的存在,它比矩形截面节点更薄弱。由于异形柱节点薄弱的问题,限制了异形柱结构的结构高度及其使用范围。与普通钢筋混凝土框架结构相比,钢筋混凝土异形柱节点主要存在以下几方面的问题:

(1)异形柱节点的截面尺寸比较小,梁柱交接处钢筋密集,梁中的纵筋向内弯折后才能穿过节点核心区,施工时核心区混凝土不容易振捣密实,影响异形柱节点浇筑质量,降低了异形柱的强度。因此,异形柱的梁柱节点比矩形截面柱的节点更薄弱,从而限制了异形柱结构的使用高度及其进一步的推广应用。

(2)异形柱节点腹板比较薄弱,翼缘受剪作用在加载初期较小,因此,在截面面积相同的情况下,异形柱框架节点的受剪承载能力低于矩形截面梁柱节点

3

受剪承载力。当异形柱的轴压比较大时,较为薄弱的异形柱柱肢混凝土会出现局部压溃。

(3)矩形截面钢筋混凝土梁柱节点的延性能力和耗能能力一般比构件的小,并且异形柱节点比矩形柱节点更薄弱,由此可知,异形柱节点的抗震性能较矩形截面梁柱节点的抗震性能差,一般不能满足抗震要求。

异形柱结构节点的腹板部位在地震作用下破坏较为严重,成为异形柱结构的薄弱部位,限制了异形柱结构的应用范围和楼层高度。因此,目前亟待解决的问题是采取有效的增强异形柱节点的方法,改善异形柱节点的破坏形态、受力性能及抗震性能,从而提高异形柱结构的使用范围和楼层高度。

1.2 研究现状

1.2.1 异形柱节点

节点作为框架结构中的传力枢纽,在保证结构整体性中发挥着重要的作用。钢筋混凝土框架结构的节点是抗震中的薄弱部位,而由于异形柱截面的特殊性,节点核心区的受力情况更复杂,柱肢更薄弱,节点核心区的钢筋更密集等特点,使其比矩形柱的节点更薄弱。截至目前,异形柱节点的研究成果主要有以下几方面:

1999 年曹祖同等[3]进行了往复荷载作用下的 12 个异形柱节点与 4 个矩形板柱节点试验研究,分析了轴压比对节点破坏机理、受剪承载力等的影响。研究结果表明:在相同条件及相同截面尺寸的情况下,与矩形梁柱节点的受剪承载力相比,十字形、T 形及 L 形截面柱的节点抗剪承载力分别降低 8%、17.5% 及 33%,而且由于节点核心区钢筋密集、混凝土振捣不密实等原因,异形柱节点的受剪承载力计算公式不能采用混凝土结构设计规范中的公式进行计算,因此,在进行试验及理论分析的基础上提出了异形柱框架节点的受剪承载力计算公式。

2002 年黄珏等[4]总结了异形柱节点受剪承载力的影响因素,主要包括轴压比、混凝土强度、箍筋和荷载作用方式等。

2003 年,熊黎黎等[5-7]进行了低周往复荷载作用下的 6 个顶层中节点、5 个顶层边节点及 5 个顶层角节点的试验研究,分析了等肢与不等肢柱核心区各主要加载阶段裂缝发展、钢筋应变、刚度退化、延性及耗能能力等抗震性能。此外,还探讨了肢长对其受剪性能的影响。研究结果表明:随着翼缘长度的增加,不同类型的顶层节点受剪性能提高幅度有所不同。总体来看,无翼缘的节点核心区发生破坏,有翼缘的节点发生梁端破坏,不等肢异形柱的受剪性能比等肢异形柱的受剪性能低。

2006 年,马乐为等[8]对 6 个 T 形柱框架中间层边节点试件进行了低周往复荷载作用下的试验研究,分析了异形柱轴压比、节点水平箍筋体积配箍率及框架梁截面高度等因素对节点区的裂缝发展规律、破坏机理及受力性能等的影响。研究结果表明:T 形截面柱节点的受力机理接近斜压杆机构,并提出了翼缘影响的节点抗剪强度的修正计算方法。

2006 年,王丹等[9]进行了 10 个低周往复荷载作用下的 T 形柱边节点的抗震性能试验研究,分析了节点破坏特征、承载能力、滞回性能等抗震性能指标,研究了轴压比与配箍率对节点受剪承载力及延性性能等的影响,提出了节点的受剪承载力公式。研究结果表明,增大配箍率能够提高节点受剪承载力,增大轴压比使试件的延性降低。严士超等[10]指出,需要计算异形柱节点的非抗震及抗震时的受剪承载力,以保证异形柱结构的安全使用。

2011 年,戎贤等[11]对异形柱节点核心区掺入钢纤维、聚丙烯纤维的试件进行了低周往复荷载试验。研究结果表明:在异形柱节点核心区加入钢纤维、聚丙烯纤维能够改善节点的抗震性能。

以上研究成果已经被写入《混凝土异形柱结构技术规程》(JGJ 149—2006)中,但是由于异形柱结构是结构抗震中的薄弱部位,限制了异形柱楼层高度及进一步的推广应用,因此,研究增强异形柱节点薄弱部位的方法,对提高异形柱结构的抗震性能,具有十分重要的意义。

1.2.2 钢纤维混凝土

从建筑材料领域来看,钢纤维混凝土的研究在国内外发展较早,已基本形成完整的理论体系。钢纤维属于高弹性模量纤维,一般弹性模量可以达到基体的 10 倍以上。因此,钢纤维可以显著提高混凝土的抗拉强度、抗剪强度、弯拉强度,尤其是裂后韧性和抗冲击韧性,对抗压强度也有一定程度改善。

P. S. Song,S. Hwang 等通过试验对钢纤维高强混凝土的力学性能进行了研究。研究结果表明:钢纤维高强混凝土中钢纤维掺量分别为 0.5%、1%、1.5% 和 2%,抗压强度在钢纤维体积含量为 1.5% 时达到最大,最大提高约 15.3%。劈裂抗拉强度和断裂模量均随钢纤维体积含量的增加不断增大,在体积含量为 2% 时达到最大,最大增量分别为 98.3% 和 126.6%。韧性指数随钢纤维体积分数增加而不断增大,体积含量为 2% 时的韧性指数 I_5、I_{10} 和 I_{30} 分别为 6.5、11.8 和 20.6。研究者还建立了用以预测钢纤维高强混凝土的受压以及劈裂抗拉强度和断裂模量的模型,模型的预测值和试验值吻合较好[12]。

管仲国、黄承逵等根据试验结果,分析了钢纤维混凝土受压极限强度与钢纤维体积掺率、基体强度等级和纤维形状的关系,建立了双因素、双参数计算模型并通过试验数据的回归分析,提出了可以与《混凝土结构设计规范》(GB 50010—2010)相衔接并适用于各等级基体强度的计算表达式。研究人员还进一步分析了纤维形状对强度的影响,给出了表达式中纤维形状因子的简化取值建议[13]。

姚武、蔡江宁等通过试验研究了最大集料粒径、混凝土强度等级、钢纤维掺量和纤维长度等因素对钢纤维混凝土的抗弯韧性的影响。试验采用两种最大集料粒径(15mm、25mm),两种纤维体积掺量(0.2%、0.6%)和两种纤维长度(35mm、60mm),混凝土强度等级分别为 C30 和 C50。研究结果表明:混凝土本身因素(如强度、集料粒径)与纤维参数(如体积掺量、纤维长度)对钢纤维混凝土的韧性具有同样重要的影响,纤维混凝土的性能取决于纤维、基材以及两者之间的界面黏结强度,因此必须合理选择纤维参数,研究纤维与基材的匹配关系[14]。

汤寄予、高丹盈等选用工程中常用的铣削型、切断弓型、剪切波纹型钢纤维,以不超过 2.0% 的体积分数掺入高强混凝土中,通过两种尺寸小梁试件的弯曲强度和韧性试验,研究了钢纤维类型及掺量对高强混凝土弯曲强度及变形性能的影响。研究结果表明:当 3 种类型钢纤维分别以 2.0% 的体积分数掺入高强混凝土中时,可使高强混凝土的抗裂能力分别提高 72%、41% 和 42%,弯曲极限强度分别提高 90%、84% 和 57%。钢纤维对高强混凝土试件的尺寸效应系数影响显著,试验时应考虑试件尺寸对试验结果的影响。钢纤维高强混凝土弯曲韧度指数及承载力变化系数均随钢纤维体积分数的增加而增大,并大于理想弹塑性材料的相应值。不同类型钢纤维对高强混凝土弯曲强度及弯曲韧性的改善效果不同,可通过改进钢纤维的加工工艺、表面形状等来提高钢纤维对于高强混凝土的增强增韧效果[15]。

彭刚等通过对不同钢纤维含量的 C30 和 C40 混凝土进行了常三轴动态压缩试验,不同强度等级混凝土分别采用逐渐增大的围压值,以获得钢纤维混凝土在三轴动态压缩状态下的应力—应变全曲线,并对其进行选择和分析。研究人员还对材料参数和诸因素间的相关性进行了分析,得到以下结论:Ezeldin 等提出的钢纤维混凝土静态荷载作用下应力—应变全曲线,经过参数修正后能够很好地描述钢纤维混凝土在动态常三轴压缩作用下的应力—应变全曲线关系[16]。

刘永胜等利用 MTS810 和直径为 74mm 的大尺寸 SHPB 试验装置开展了钢

纤维混凝土的动静态力学性能试验。试验结果表明:钢纤维混凝土是一种具有非常明显的钢纤维增强、增韧效应的应变率敏感材料。根据试验中应力—应变曲线的基本特征,提出了一种包含纤维增强效应和应变增强效应的钢纤维混凝土的损伤本构模型。模型在考虑钢纤维增强、应变率硬化、损伤软化等因素下,描述了钢纤维混凝土的受力响应特性,具有一定的合理性[17]。

董毓利等利用 MTS 电液伺服试验系统对混凝土进行了等应变速率加载控制的应力—应变全曲线试验,在此基础上,根据不可逆热力学原理和内变量理论建立具有一般性的损伤本构模型。模型考虑了不可逆变形的影响,并根据统计原理分析了损伤演化规律,模型计算值与试验值吻合良好,可推广至单轴受压的反复加卸载情况[18]。

从结构领域来看,纤维增强结构构件的主要研究对象是矩形柱框架的节点和梁、柱等构件。研究钢纤维在结构或构件的某些区域是否可以代替箍筋发挥抗剪作用和结构或构件延性、抗震性能的增强效果。

高丹盈等完成了 9 个钢纤维高强混凝土框架边节点的抗震试验。通过试验测试钢纤维高强混凝土框架边节点梁端的荷载—变形滞回曲线和梁相关截面的横向变形,研究了钢纤维体积率、掺加范围和轴压比等因素对高强混凝土框架边节点梁截面曲率延性和滞回曲线的影响。研究结果表明:钢纤维能改善高强混凝土框架边节点梁截面延性,显著提高高强混凝土框架节点的抗震延性和耗能能力,对解决节点箍筋密集、改善施工条件具有明显效果[19]。

李凤兰、黄承逵等通过 26 根钢纤维高强混凝土柱在低周反复荷载作用下的压弯性能试验,研究了轴压比、钢纤维含量特征值、箍筋含量特征值、剪跨比和纵向配筋等因素对钢纤维高强混凝土柱延性性能的影响规律。研究结果表明:钢纤维对改善高强混凝土柱的脆性破坏性质并提高其延性具有明显效果,但钢纤维和箍筋对高强混凝土柱的延性提高作用机理不同,不能采用钢纤维等量(体积率相同)取代箍筋的方法使高强混凝土柱获得等同的延性性能。研究提出了钢纤维高强混凝土柱的位移延性系数计算公式,可供工程设计应用参考[20]。

姜睿通过试验研究了较高轴压比条件下,钢纤维对超高强混凝土短柱抗震延性的改善作用。短柱试件的剪跨比为 2.0,强度为 103.6 ~ 114.8MPa,钢纤维的体积含纤率分别为 0.5%、1.0%、1.5%。采用简支梁加载图式进行了低周反复加载。试验结果表明:未掺钢纤维的试件在高轴压作用下发生了脆性特征明显的剪切破坏,延性很差;随着钢纤维含量的增加,试件的破坏形态向具有一定延性特征的弯剪破坏转变;同时延性得到大大改善,位移延性和极限弹塑性位移角分别可最大增加 50.2%、96.1%。研究人员还给出了抗震设计条件下的最小钢纤维体积含纤率的建议值[21]。

章文纲等最早进行了 15 个混凝土矩形柱框架节点(13 个边节点和 2 个中节点)的低周反复加载试验,研究钢纤维对节点抗震性能的增强效果[22]。蒋永生等通过 3 个钢纤维高强混凝土节点和 2 个普通高强混凝土框架中节点的抗震性能试验研究钢纤维增强节点抗震性能、设计方法和构造措施[23]。郑七振等通过 12 个核心区采用钢纤维混凝土的框架边节点抗震试验研究节点的破坏过程、抗裂强度、抗剪强度及剪切延性等问题[24,25]。研究结果表明:钢纤维混凝土矩形柱节点抗震性能良好,其抗剪强度提高约 28%,耗能提高约 27%,纤维工程掺量建议取 0.8% ~2%。钢纤维高强混凝土节点可以充分发挥高强混凝土及钢纤维的作用,减少箍筋用量,增强梁筋锚固,可以提高节点抗震性能。节点核心区采用钢纤维增强的矩形柱边节点抗裂强度、剪切延性、抗剪强度和延性有所改善,钢纤维混凝土对于解决节点箍筋密集、改善节点的抗剪性能具有显著作用。

综上所述,采用钢纤维混凝土代替普通混凝土对结构构件进行增强是一种行之有效的增强方法。但钢纤维造价较高,在混凝土搅拌过程中,钢纤维掺量过多(超过 2% 体积率)的情况下,纤维容易结团,应注意纤维掺量选取以及施工方案的可行性。

1.2.3 聚丙烯纤维混凝土

除钢纤维之外,在实际工程中聚丙烯纤维的应用最广泛。聚丙烯纤维混凝土是 20 世纪 70 年代国际上发展起来的一种新型混凝土,最初用在美国的军事工程中,很快发展到民用工程。聚丙烯纤维是一种新型的合成纤维,被称为混凝土的"次要增强筋"。聚丙烯纤维乳白色、无味、无毒,耐酸碱,表面疏水,分散性好,化学稳定性好,是工程常用的一种混凝土增强材料。其优点是价格低廉,自重较小,具有良好的阻裂性和韧性,同时纤维本身在混凝土碱性条件下性质稳定,具有较好的分散性,能够均匀分散在混凝土中,即易于搅拌,施工简单方便。国内外学者和工程界对聚丙烯纤维混凝土的相关研究也相对比较成熟。具有代表性的研究包括以下几个方面:

孙海燕等根据对聚丙烯纤维混凝土的试验研究,提出聚丙烯纤维对混凝土的抗拉压强度等物理力学性能的影响。研究结果表明:聚丙烯纤维对混凝土力学性能有积极的影响,聚丙烯纤维对混凝土的抗压强度影响较小,在改善混凝土抗拉强度方面比较突出,能够提高混凝土抗裂性能和延性[26]。试验证明,体积掺量为 0.05% 的美国杜拉纤维混凝土的抗裂能力与普通混凝土相比,提高了将近70%。

汪洋等进行的研究表明:聚丙烯纤维可提高混凝土抗渗性,能够改善混凝土耐久性。掺量为1.18kg/m³的聚丙烯纤维混凝土比普通混凝土可减少79%的渗水。聚丙烯纤维钢筋混凝土在模拟海洋环境下进行的渗透试验表明,纤维掺量为0.05%和0.1%混凝土中的钢筋比普通混凝土中的钢筋分别迟9d和11d锈蚀[27]。

Chen L等经过试验研究得出聚丙烯纤维能显著增强混凝土的韧性,并分析了纤维增韧的机理[28]。卢哲安等通过试验分析钢纤维高强混凝土、钢—聚丙混杂纤维高强混凝土与素混凝土的韧性对比试验数据,研究纤维的加入对高强混凝土韧性性能的影响。研究结果表明:聚丙烯纤维能够显著提高混凝土的韧性,提高混凝土的变形能力[29]。

Hughes等通过研究得出在混凝土中掺入聚丙烯纤维后的增韧效果明显,给出了掺入单丝的和原纤化的聚丙烯纤维混凝土的应力—应变关系曲线[30]。

Yeol Choi、Robert L. Yuan通过试验研究了聚丙烯纤维增强混凝土的极限劈裂抗拉强度和抗压强度之间的关系,研究了聚丙烯纤维混凝土7d、28d和90d抗压强度与极限劈裂抗拉强度。研究结果表明:玻璃纤维和聚丙烯纤维增强后,混凝土的极限劈裂抗拉强度增加了20%～50%,是相应抗压强度的9%～13%。研究人员还对相应试验数据进行线性回归分析,得到用于预测玻璃纤维增强混凝土和聚丙烯纤维增强混凝土的极限劈裂抗拉强度和抗压强度之间的关系方程[31]。

朱江通过分析聚丙烯纤维在高强混凝土中的作用以及使混凝土高性能化的作用,说明在混凝土中掺入适量的聚丙烯纤维能有效地改善混凝土材料的物理性能,提高混凝土材料的耐久性。同时还讨论了聚丙烯纤维在高强混凝土及高性能混凝土工程中的应用实例,以及这种材料在高强、高性能混凝土中的应用发展前景[32]。

综上所述,聚丙烯纤维能提高混凝土的抗拉强度,对改善混凝土的抗裂性和脆性具有显著效果。目前,聚丙烯纤维的主要工程应用范围是大体积混凝土的抗裂和抗渗领域,一般在水利工程中使用较多。聚丙烯纤维在工业与民用建筑中,尤其是上部结构的应用目前尚未得到大范围推广。

1.2.4 纤维的增强机理

从上述研究可以看出,纤维能够显著改善混凝土的受力性能,对混凝土发挥增强效果。纤维的增强机理是纤维混凝土表现出一切物理力学性能的本质。纤维增强混凝土受力机理研究较多,目前较成熟且为众多学者所认同的有复合材料力学理论和纤维间距理论。

复合材料理论是把在金属基纤维复合材料和塑料(树脂)基纤维复合材料的基础上发展起来的理论,进一步发展应用于水泥及混凝土基纤维复合材料,复合材料的强度和弹性模量等性能符合复合体内各组分性能的弹性叠加理论。考虑纤维不连续、纤维方向有效系数以及纤维分布不均匀系数等影响,得到的两种材料性能的叠加。纤维间距理论(即纤维阻裂理论)是以线弹性的断裂力学为基础,认为混凝土内部有尺度不同的微裂缝、孔隙和缺陷,在施加外力的作用时,孔、缝隙部位产生较大的应力集中而引起裂缝的扩展。掺入纤维后,可以将纤维看成裂缝的约束体来解释钢纤维的阻裂增强作用。由于纤维间距理论的精度远不如复合力学理论,故通常采用复合力学理论[33,34]。

此外,刘永胜等认为纤维对混凝土的增强效果主要取决于纤维—混凝土基体的界面黏结性能。利用复合材料的剪滞理论对纤维混凝土基体的界面力学传递进行分析,得出了纤维承受拉应力和剪应力的表达式,并分析了纤维对混凝土的增强效果。研究结果表明:纤维混凝土是由细集料、粗集料、水泥、水以及乱向分布的纤维组成的一种多相非均质复合材料。为了简化分析,可将纤维混凝土简化为混凝土基体和纤维组成的两相复合材料,从两相复合材料的界面性能入手,分析纤维混凝土基体界面上的应力传递及纤维对混凝土基体的增强机理,作为纤维混凝土的增强机理复合材料界面力学的依据[35]。

刘新荣、祝云华等也从两相复合材料的界面性能入手,根据剪切滑移模型分析了纤维与混凝土基体之间界面的应力传递,推导纤维与基体间的受拉应力和剪应力的传递模型,研究纤维对基体混凝土的增强机理。研究得出了纤维混凝土应力四周的应力场的分布形态和纤维增强混凝土的力学效果,并通过有限元方法验证了模型的可靠性。研究结果表明:纤维混凝土是由集料、水泥、水以及乱向分布的纤维组成的一种多相非均质复合材料,基体中纤维的拔出过程可分为3个阶段(完全黏结阶段、黏结滑移阶段和黏结脱离阶段),改善纤维与基体界面的性能和增加纤维表面的粗糙度可增加界面黏结强度[36]。

由此可见,纤维对混凝土具有显著增强效果,其增强作用除了与纤维种类、弹性模量、纤维掺入量具有直接关系外,其纤维与基体混凝土之间的界面性能对其增强效果也具有重要影响。因此,选用混凝土增强材料时,应尽量选用对纤维弯折、端部弯钩等增强纤维与基体混凝土黏结锚固性能的纤维品种,以增加纤维对基体混凝土的增强效果。

2 纤维增强的异形柱节点抗震性能试验

2.1 试验目的

为了增强混凝土异形柱框架节点的抗震性能,完善异形柱结构体系的性能,提出在异形柱节点核心区加入纤维的措施。通过对纤维增强的异形柱框架节点进行低周往复荷载作用下的试验研究,对比分析纤维增强的异形柱节点与未增强的异形柱节点的抗震性能,揭示其增强机理,完成纤维增强混凝土异形柱框架节点抗震能力增强效果的综合评价;揭示地震情况下纤维增强的混凝土异形柱节点的受力机理和传力机制,完善混凝土异形柱结构设计理论。

2.2 试验背景

2003 年,天津大学、昆明建设局、昆明理工大学、同济大学等单位在同济大学结构实验室完成了一榀 1/6 缩尺的 6 层异形柱框架结构的模拟地震振动台试验[37]。研究结果表明:异形柱框架结构基本满足 8 度区"小震不坏,大震不倒"的要求,但异形柱结构的底部部分层的节点有混凝土局部压溃剥离现象出现。2005 年,天津大学在天津大学结构实验室进行了三榀 1/3 缩尺的两跨三层异形柱框架的低周往复加载试验,研究结果表明:建造在 8 度区的 6 层 18m 高的异形柱框架结构,其一、二层节点核心区发生剪切破坏。因此,《混凝土异形柱结构技术规程》(JGJ 149—2006)中规定:"8 度区异形柱框架结构高度不应超过12m"。节点作为异形柱结构的薄弱部位,限制了异形柱结构建筑高度与应用范围[38]。因此,改善异形柱节点薄弱部位受力性能对异形柱结构的推广具有极其重要的意义。

在上述框架研究的基础上,对框架一层节点进行的 1/2 缩尺的低周往复加载试验,分别采用聚丙烯纤维、钢纤维对节点核心区进行增强,研究聚丙烯纤维、钢纤维对异形柱结构节点薄弱部位的增强效果。

2.3 试验设计

2.3.1 模型设计

模型设计既要确定相似准数,又要在综合考虑模型类型、材料及试验条件等因素的基础上确定各物理量相似常数,这决定了试验能否成功[39]。试验设计的试件采用1/2缩尺模型,即节点试件与原型在几何尺寸上的相似比为1:2,材料强度及弹性模量的相似比为1:1,通过计算得出模型与原型所加集中荷载的相似比为1:4,弯矩相似比为1:8。按照相似理论进行模型设计时,首先确定模型结构试验过程中各物理量的相似参数,然后求得相似条件,保证试验过程及试验结果与实际结构反应相似。通过原型结构按相似比关系来设计模型的尺寸及配筋等物理量,试验模型相似关系如表2-1所示。

试验模型相似关系 表2-1

物 理 量	物 理 参 数	相 似 关 系	备 注
几何尺寸	长度	1:2	控制模型的尺寸
	线位移	1:2	
	角位移	1:1	
	面积	1:4	
材料属性	应变	1:1	控制模型的材料
	强度	1:1	
	弹性模量	1:1	
	质量密度	2:1	
荷载关系	集中荷载	1:4	加载设计
	线荷载	1:2	
	面荷载	1:1	
	弯矩	1:8	
	剪力	1:4	
	重力加速度	1:1	
截面配筋	纵筋面积	1:4	配筋设计
	箍筋面积	1:4	

2.3.2 试件设计

试验设计 8 个 1/2 缩尺的异形柱节点试件。一组为异形柱中节点:试件 J-+ 在中节点核心区未进行增强,中节点 J-+a 是节点核心区采用聚丙烯纤维混凝土浇筑的构件,其余 4 个构件局部采用钢纤维混凝土浇筑,J-+b、J-+c、J-+d 钢纤维混凝土浇筑范围分别为节点核心区(梁高范围柱段)及核心区延伸左右梁端275mm 和延伸 550mm 长度范围,J-+e 钢纤维混凝土范围同 J-+b,但核心区未配置箍筋,所有构件其他部位浇筑普通混凝土。另一组为异形柱边节点:试件 J-T 在边节点核心区未进行增强,J-Ta、J-Tb、J-Tc 为纤维掺入的范围是核心区及其外伸梁端 250mm 及 500mm,其余部位采用普通混凝土浇筑。试验中聚丙烯纤维的掺量为 0.9kg/m³,相当于体积含量为 0.1%,钢纤维掺量取体积含量为 1%,聚丙烯纤维和钢纤维的力学性能如表 2-2 所示。各异形柱框架节点试件的尺寸及配筋情况如图 2-1、图 2-2 所示。

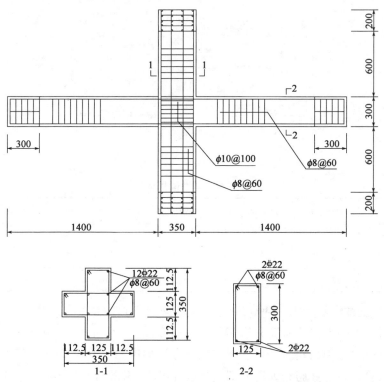

图 2-1 中节点模型尺寸及配筋(尺寸单位:mm)

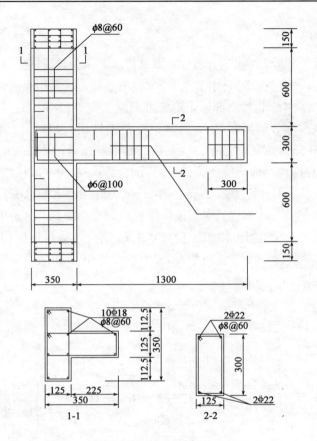

图 2-2　边节点模型尺寸及配筋(尺寸单位:mm)

纤维力学性能指标　　　　　　　　　　表 2-2

纤维指标	等效直径 (10^{-3}mm)	平均长度 (mm)	抗拉强度 (MPa)	长径比	断裂伸长率 (%)	弹性模量 (MPa)
聚丙烯纤维	18~28	19	<450	—	20.5	<4500
钢纤维	0.3~1.0	20~35	>600	30.80	—	—

　　试件梁柱纵筋为 HRB400 级钢筋,箍筋为 HPB235 级钢筋,钢筋下料前,对不同直径、不同批次的钢筋分别截取 3 根 260mm 的钢筋,用于测定其力学性能指标。依据《金属材料拉伸试验温室试验方法标准》(GB/T 228—2007)[40]的规定,对试验预留的箍筋和纵筋分别进行拉伸试验,测得的钢筋实测强度平均值如表 2-3 所示。

钢筋力学性能指标   表 2-3

钢筋种类	屈服强度(MPa)	极限强度(MPa)	弹性模量(GPa)
HPB235 级 6mm	376	525	213
HPB235 级 8mm	295	449	204
HPB235 级 10mm	333	432	197
HRB400 级 18mm	445	613	232
HRB400 级 22mm	480	623	—

试件混凝土采用强度等级为 C50 泵送商品混凝土,混凝土保护层厚度为
15mm。在浇筑混凝土时,为保证混凝土振捣密实,先浇筑节点核心区,随后逐一
浇筑模型其他部位,用振捣棒(器)和人工振捣相结合的方式捣实混凝土。试件
达到一定强度后拆模,进行人工浇水养护。混凝土浇筑时,应预留 3 个 100mm ×
100mm ×300mm 的混凝土棱柱体试块和 3 个边长为 150mm 的混凝土立方体试
块,标明编号、浇筑时间、批次等详细情况,并与模型试件同条件养护。根据《普
通混凝土力学性能试验方法标准》[41](GB/T 50081—2002)规定方法,测得的混
凝土力学性能指标如表 2-4 所示。

节点混凝土性能指标   表 2-4

试 件 编 号	立方体抗压强度(MPa)		轴心抗压强度(MPa)		弹性模量(GPa)	
	普通	纤维增强	普通	纤维增强	普通	纤维增强
J- + 、J-T、J- + a、 J- + b、J- + c、J- + d、 J- + e、J-Ta、J-Tb、 J-Tc	70.37	60.50	39.00	36.80	39.7	41.5
J- + b	56.00	61.15	48.70	48.80	39.0	38.2

2.4 试验方法

2.4.1 试验装置

在考虑实际框架结构水平地震作用情况下,设计其梁柱节点组合体试件与
加载装置时可取节点上下柱的反弯点和左右梁的反弯点之间部分作为试验模型
原型[42]。框架梁柱节点抗震性能试验研究常用的加载方式主要有柱端加载和
梁端加载两种[43],其加载方案边界模拟情况如图 2-3 所示。对于柱端加载方
案,节点下柱反弯点的边界条件认为是固定铰,上柱反弯点的边界条件认为是水

平可移动铰,节点两侧的梁反弯点的边界条件认为是水平可移动铰。对于梁端加载方案,上下柱反弯点的边界条件认为是不动铰,梁两侧的边界条件认为是自由端。柱端加载方案的边界条件比较符合节点在实际结构中受力状态,但柱端加载与支座装置复杂,以节点核心区及梁端塑性铰为主要研究对象时,为简化加载,可忽略柱子轴力产生的重力二阶效应的影响,能够满足试验要求,因此,试验中采用梁端加载方案。

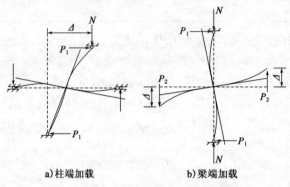

a) 柱端加载   b) 梁端加载

图 2-3   节点的加载方案

2012 年 7 月,课题组成员在天津大学结构实验室完成异形柱节点抗震性能试验。节点试件安装就位前,将混凝土立方体支墩按照设计位置放在静力台座上,然后将球铰支座放在混凝土支墩的指定位置处,随后将试件吊装就位在球铰支座上,利用夹梁与钢锚杆将其固定在反力墙上,将竖向千斤顶安装在反力梁下用于施加柱顶轴向力。中节点试件设计轴压比为 0.23,设计轴力为 350kN;边节点试件设计轴压比是 0.17,设计轴力为 250kN。在中节点试件梁端施加反对称荷载的两个拉压千斤顶分别固定在反力横梁和静力台座上,在边节点试件的梁端施加荷载的拉压千斤顶固定在静力台座上。异形柱中节点试件的试验记载装置如图 2-4 所示,异形柱边节点试件的试验装置及现场照片如图 2-5 所示。

2.4.2 加载制度

试验的加载方案为拟静力加载。首先,在柱端分 3 次施加至轴向恒定的轴向力,中节点轴向力为 350kN,边节点轴向力为 250kN,每加一次荷载持荷大约 5min,通过采集柱中的钢筋应变,观察应变的变化,确定加载位置是否对中,否则重复上述操作,直至轴向力对中为止。然后,在梁端施加低周往复荷载。试验的加载制度为荷载—位移联合控制[44],即在试件屈服前采用荷载控制,按加载、卸载、反向加载、反向卸载分级加载至试件屈服,每级荷载循环一次;试件屈服后采用位移控制,并以屈服位移的整数倍循环 3 次,直到荷载下降到极限荷载的 85% 时,试件破坏。加载程序如图 2-6 所示。

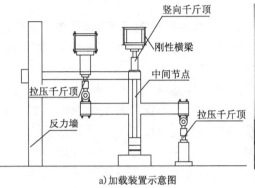
a) 加载装置示意图

b) 现场照片

图 2-4　中节点的试验加载装置

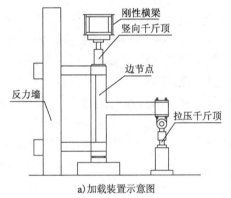
a) 加载装置示意图

b) 现场照片

图 2-5　边节点的试验加载装置

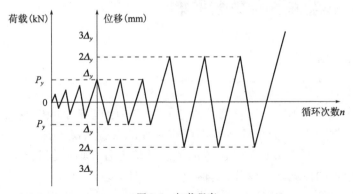

图 2-6　加载程序

2.5 模型制作

试验所用试件均是在河北工业大学体育场混凝土施工现场制作的。首先进行绑扎钢筋,此时要确保钢筋型号、数量、位置等正确及连接锚固构造措施等符合规范的要求。在绑扎钢筋后,将钢骨按图2-1、图2-2所示的位置放入节点核心区,钢骨与梁柱纵筋之间利用短钢筋进行焊接,钢骨之间利用直径为6mm HPB235钢筋作为水平腹杆在三分点处焊接连接,使钢骨与梁柱纵筋形成整体空间钢筋骨架,每个T形钢骨异形柱节点核心区起连接作用的水平腹板有2个,竖直腹杆也有2个;每个槽形钢骨增强的异形柱节点核心区起连接作用的水平腹板有4个,竖直腹杆也有4个。当钢筋绑扎完成后,在需测试的测点处按规定方法粘贴2mm×3mm规格的电阻应变片,其阻值为120Ω,灵敏系数为2.15。在电阻应变片的相应接线头处用医用胶布编号,检测完好后用胶将接头密封,用透明胶带将接线头包裹。在绑扎钢筋后支模板,由于试件采用缩尺模型,其模板尺寸较小,保护层厚度也较正常施工时小,因此要保证模板施工的精度要求。纤维增强的节点构件中,普通混凝土和纤维混凝土交界处预先采用挡板进行隔离,试验构件普通混凝土采用商品混凝土直接浇筑,浇筑时需要单独准备铁桶一个,在浇筑普通混凝土的同时,将纤维与普通混凝土按比例投放至铁桶中,纤维分层撒入,搅拌5~10min至纤维均匀散开,人工浇筑钢纤维混凝土,待钢纤维混凝土和普通混凝土浇筑和振捣完毕后,拔出挡板,使二者充分混合。最后浇筑混凝土,此时要注意由于节点核心处钢筋较密,先浇节点核心区处混凝土,以确保节点核心区的混凝土能够密实。

2.6 试验观测与数据采集

2.6.1 测点布置

1)钢筋应变

在节点核心区预定钢筋及钢骨位置处粘贴电阻应变片,用于采集加载过程中的节点的钢筋应变,异形柱节点钢筋应变片的布置情况如图2-7所示。在图2-7中,J+B-1表示中节点1号位置的梁纵筋应变片,其他类似;J+C-1表示中节点1号位置的柱纵筋应变片,其他类似;J+H-1表示中节点1号位置的箍筋应变片,其他类似。JTB-1表示边节点1号位置的梁纵筋应变片,其他类似;

JTC-1表示边节点1号位置的柱纵筋应变片,其他类似;JTH-1表示边节点1号位置的箍筋应变片,其他类似。

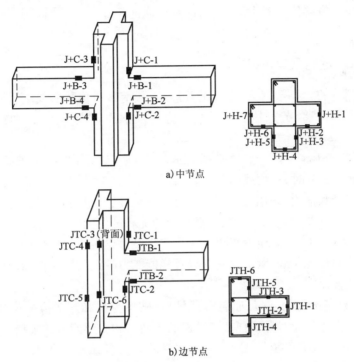

图2-7　节点钢筋应变片位置

2)混凝土应变

在节点核心区的腹板与翼缘处布置手持式应变仪测点,用手持式应变仪测量试验过程中的应变值,测点布置情况如图2-8所示。

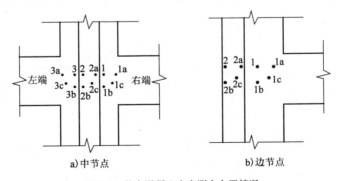

图2-8　节点混凝土应变测点布置情况

3）试件荷载—位移

试验过程中的荷载通过连接在拉压千斤顶与试件间的荷载传感器来记录，梁端位移通过位移传感器来记录，用计算机实时采集试件梁端的荷载—位移的滞回曲线。

2.6.2　数据采集与记录

试验测量的主要数据为：裂缝的开展情况、荷载—位移曲线、主要工况下的荷载及相应的位移、节点核心区混凝土应变及钢筋应变等。测量的主要内容如下：

（1）试验开始前，在节点试件的一面用白石灰浆刷白，用尺子画出 5cm × 5cm 方格网。试验时，在加载的各阶段，借助放大镜对裂缝进行观测，对其开展情况进行记录和描绘，采用裂缝测量卡对裂缝宽度进行量测，并实时拍摄各阶段裂缝开展情况，记录其裂缝宽度、裂缝开展情况和试件的破坏形态。

（2）用 DH3818 静态应变采集系统采集各试件梁端荷载—位移，经数据处理后得到试件的骨架曲线、刚度退化曲线及耗能能力等抗震性能指标，对纤维增强效果进行综合评定。

（3）记录各试件的开裂、屈服、极限以及破坏荷载和其对应的位移，研究纤维在各主要受力阶段对异形柱节点试件的承载力和变形能力的影响。

（4）采用 YE2539 静态电阻应变采集系统采集各试件在各工况下的钢筋应变片数据，分析试件在受力全过程中的钢筋应力变化规律，研究纤维增强对结构的受力全过程试件受力性能影响。

（5）记录加载各工况下手持式应变仪采集数据，研究纤维增强的异形柱节点的混凝土应变变化规律。

3 纤维增强的异形柱节点受力性能试验分析

本章通过对比分析采用聚丙烯纤维增强、钢纤维增强的异形柱框架中节点与边节点试件与普通未增强的异形柱中节点与边节点试件的破坏特征、节点核心区的箍筋应等变化规律,分析纤维对混凝土异形柱受力性能的影响,研究纤维对异形柱框架节点薄弱部位的增强作用。

3.1 破坏过程及破坏特征

3.1.1 中节点试验现象

异形柱中节点的破坏形态如图 3-1 所示。

J-+中节点:当梁端荷载加载至 40kN 时,在核心区左右腹板处均有一条斜向剪切裂缝出现,右梁端上部与左梁端下部的受拉区均有数条竖向的弯曲裂缝出现;当梁端竖向荷载反向加至 40kN 时,右侧核心区腹板有斜裂缝出现,并形成一条交叉 X 形裂缝,右梁端下部与左梁端上部的受拉区均有数条竖向弯曲裂缝出现。荷载增加至 50kN 时,左侧核心区腹板有一条斜向剪切裂缝出现,又形成一条交叉的 X 形裂缝。加载继续进行,梁端裂缝不断延伸,裂缝宽度不断增加。当加载至 $2\Delta_y$ 时,其左侧梁端与核心区交界处的斜裂缝迅速开展,右侧核心区腹板上部有数条斜向剪切裂缝出现,翼缘也出现由腹板延伸的斜裂缝,宽度达 0.2mm,梁内弯曲裂缝逐渐转变为弯剪裂缝。当加载至 $3\Delta_y$ 时,核心区翼缘又有一条斜裂缝出现,右侧梁端上部与左侧梁端下部的斜裂缝宽度大于 0.5mm,右梁端下部混凝土保护层剥落,梁箍筋外露;当反向加载至 $3\Delta_y$ 时,核心区翼缘有一条较长斜裂缝出现,在节点核心区形成一条交叉 X 形裂缝,裂缝不断开展。当加载至 $4\Delta_y$ 时,梁端的混凝土保护层压溃剥落较为严重,核心区腹板混凝土部分剥落,节点破坏较严重。

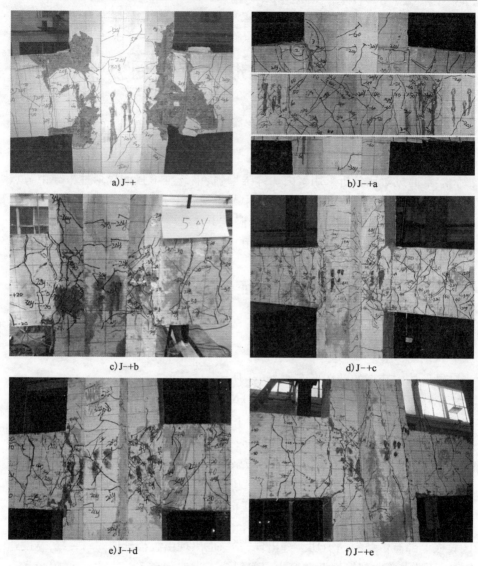

a) J-+   b) J-+a

c) J-+b   d) J-+c

e) J-+d   f) J-+e

图 3-1　中节点的破坏形态

　　J-+a 中节点:在柱两端施加恒定的轴压力 350kN,第一次循环左梁端向上,右梁端向下同时正向加载至 20kN 时,梁端受拉区出现多条垂直弯曲裂缝,裂缝宽为 0.05mm;加载至左梁 37kN(右梁 42kN)时,核心区左右腹板也出现剪切斜裂缝,裂缝宽为 0.05mm;同时翼缘侧面也出现竖向裂缝,裂缝宽为 0.05mm;卸载到 0,反向加载至左梁 37kN(右梁 40kN)时,核心区右腹板出现一组交叉斜裂缝,翼缘左侧面出现一条斜向上的裂缝。第二次循环正向加载至左梁 46kN(右梁 50kN)时,框架梁上出现斜裂缝,此时梁端裂缝宽度达 0.08mm;卸载到 0,反向加载至左梁 48kN(右梁 50kN),核心区左腹板出现交叉斜裂缝。第三次循环正向加载至左梁 52kN(右梁 60kN)时,梁内纵筋屈服,从此循环开始以位移控制加载;在左梁端与腹板交界处的弯曲裂缝延伸至下柱;卸载到 0,反向加载至左梁 53kN(右梁 60kN),核心区左腹板出现新的剪切裂缝,右腹板在与下柱交界处出现横向裂缝,核心区翼缘侧面斜裂缝延伸至翼缘正面,同时在左右框架梁上出现多条斜裂缝。在 $2\Delta_y$ 时,节点承载力达到极限荷载值,正向加载至左梁 66kN(右梁 72kN),反向为左梁 65kN(右梁 75kN);框架梁和核心区左右腹板出现新的裂缝,翼缘正面新出现两条平行的横向裂缝和一条斜裂缝,此时右梁端上部贯通斜裂缝开展很大,右梁端下部出现轻微混凝土脱落。在 $3\Delta_y$ 时,节点承载力没有下降,核心区腹板、翼缘裂缝分别向柱上下端延伸,梁端裂缝宽度继续扩展,右梁端底部混凝土保护层继续脱落。在 $4\Delta_y$ 时,节点承载力下降不多,核心区、梁端相继有新的裂缝出现,核心区左右梁端上部混凝土保护层破裂向上鼓出。随着变形的增大,此时节点承载力下降至低于极限荷载值的 85%,节点已经破坏。

J-+b 中节点:施加恒定轴力 350kN(轴压比 = 0.23)。荷载控制加载:正向加载至 20kN 时,左右梁腹板出现弯曲裂缝,反向加载,裂缝呈对称形式出现。随着荷载增大,裂缝不断向腹板内发展,核心区左右腹板出现对角斜裂缝,裂缝宽度为 0.1mm。当加载至 50kN 工况时腹板出现弯剪斜裂缝,并延伸至翼缘。位移控制加载:继续加载直至梁端纵筋屈服,钢筋应变显示梁纵筋应变达到 1890$\mu\varepsilon$,梁正向加载的屈服位移是 15.82mm,这时开始位移控制加载。梁上部纵筋屈服后,左右侧腹板对角斜裂缝均向翼缘发展。反向加载时,梁的下部随着荷载的增大,出现许多弯剪斜裂缝,与正向加载类似。梁下部纵筋屈服后,节点未出现新裂缝。当梁端位移达到 $2\Delta_y$ 时,节点腹板裂缝没有明显向翼缘发展,但是裂缝宽度却达到了 0.25mm。在反向加载时,裂缝向翼缘发展迅速,左右腹板裂缝达到了 0.3mm,梁端出现斜裂缝。当位移达到 $3\Delta_y$,节点核心区翼缘出现斜裂缝,宽度为 0.05mm,节点腹板裂缝达到 0.4mm,反向加载,左梁上端裂缝宽度超过 2mm,右梁也有扩展,两侧梁的混凝土表皮均外鼓。当达到 $4\Delta_y$,腹板斜裂缝宽度达到 0.5mm,翼缘侧面裂缝扩展,达到 0.25mm;反向加载时,梁下部腹板裂缝宽度达到 0.4mm,翼缘侧面裂缝达 0.2mm,右侧梁端下部部分混凝土脱落。当达到 $5\Delta_y$,梁下部接近节点处混凝土继续脱落,距离节点区 15 ~ 20mm 处,裂缝迅速加宽,表皮外鼓,部分脱落,钢纤维暴露出来,反向加载已经不能使位移与力继续增加。当达到6Δ,,右梁出现贯通裂缝,核心区箍筋和钢纤维均已外露。梁端荷载下降到最大荷载的85%,达到屈服荷载。

J-+c 中节点:施加恒定轴力350kN(轴压比=0.23)。荷载控制加载:正向加载20kN时,无明显状况;反向加载,左右梁出现弯曲裂缝,裂缝短而细。至40kN工况,裂缝数量增多,节点核心区右侧腹板出现裂缝,裂缝宽度为0.05mm,并有一条裂缝贯通;反向加载,节点核心区出现交叉斜裂缝,且右侧腹板裂缝发展至0.1mm。荷载增大至50kN,裂缝数量继续增多,节点核心区腹板裂缝延伸到翼缘侧面,腹板裂缝宽度达到0.15mm,翼缘侧面裂缝宽度0.05mm。位移控制加载:继续加载腹板裂缝宽度达到0.2mm,此时梁筋应变达到屈服状态,裂缝继续扩展,节点核心区腹板裂缝宽度达到0.3mm,翼缘侧面裂缝宽度也扩展到0.1mm。当位移达到2Δ,,节点核心区腹板剪切裂缝延伸到翼缘正面,翼缘侧面裂缝宽度到0.2mm,腹板裂缝宽度达到0.4mm,且在核心区下端出现压屈裂缝;反向加载,节点核心区腹板出现多条交叉斜裂缝,且裂缝宽度达到0.4～0.5mm,翼缘侧面裂缝宽度达到0.3mm。继续加载至3Δ,,核心区裂缝交叉现象严重,上述核心区腹板裂缝宽度达到0.5mm;反向加载,翼缘正面出现交叉斜裂缝,上述腹板裂缝继续扩展到0.6mm,翼缘侧面裂缝达到0.4mm。位移达到4Δ,时,节点核心区混凝土表皮外鼓,腹板与梁端接触处裂缝宽度较大且梁上部部分混凝土表皮脱落;反向加载,腹板中部交叉裂缝出现外鼓脱落现象。当位移达到5Δ,时,核心区腹板箍筋与钢纤维均外露,腹板裂缝加宽,此时梁端荷载已经达到了破坏荷载。

J-+d 中节点:柱端施加恒定轴力350kN(轴压比=0.23)。荷载控制加载:初始加载无明显现象,加载至40kN,节点核心区出现斜裂缝,裂缝宽度约为0.15mm,梁端也出现细小裂缝;反向加载,核心区斜裂缝增多,并出现交叉现象。继续加载到50kN,核心区左侧斜裂缝延伸至翼缘侧面,腹板处一裂缝宽度达到0.25mm,翼缘裂缝宽度0.05mm,反向加载没有出现新裂缝。位移加载控制:继续加载梁纵筋屈服,进入位移循环;反向加载,裂缝向上延伸。当位移达到2Δ,时,裂缝发展迅速,梁端出现多条裂缝,节点核心区左右腹板裂缝宽度达到0.3mm,节点核心区裂缝向上下柱端延伸,翼缘裂缝宽度达到0.1mm,并向翼缘正面延伸;反向加载,节点核心区腹板裂缝达到0.4mm,十分醒目。翼缘裂缝在正面发展较多,左梁端出现较宽斜裂缝,并伴有混凝土劈裂声,梁端斜裂缝增多。加载至位移为3Δ,,核心区腹板裂缝宽度到0.5mm,翼缘裂缝宽度达到0.2mm;

24

反向加载,核心区腹板表皮外鼓,出现多条平行斜裂缝,腹板裂缝到0.6mm。位移为$4\Delta_y$,左右梁端出现竖向裂缝,节点核心区裂缝较大处达到0.9mm;反向加载,翼缘裂缝宽度达到0.6mm,梁柱交界处有少量混凝土脱落。继续加载,混凝土脱落严重,梁柱交界处纤维露出,试件破坏。

J- + e中节点:施加轴力350kN(轴压比 = 0.23),荷载控制加载:荷载为20kN时,左侧梁端上缘出现弯曲裂缝,加载到30kN时,核心区左侧腹板出现剪切裂缝,梁腹板出现细小弯曲裂缝;反向加载,节点核心区左侧腹板剪切裂缝的宽度达到0.2mm,节点左侧梁柱交界处斜裂缝达到0.3mm,节点核心区右侧腹板中出现斜裂缝且裂缝宽度达到0.2mm。加载至45kN时,节点核心区腹板出现贯通斜裂缝;反向加载,节点核心区右侧梁柱交界处裂缝继续扩大,裂缝宽度达到0.4mm。位移控制加载:继续加载,节点翼缘出现剪切裂缝,梁纵筋达到屈服位移Δ_y,进入位移循环阶段;反向加载,节点两侧腹板均有一条裂缝延伸到翼缘侧面,梁纵筋屈服。加载到$2\Delta_y$,左侧梁内下部,右侧梁内上部均纵筋屈服,节点核心区腹板剪切裂缝宽度达0.4mm,右侧梁柱交界处出现竖向裂缝;反向加载,节点右侧腹板斜裂缝延伸至翼缘正面且宽度达到0.4mm,节点核心区混凝土部分起皮,翼缘处斜裂缝宽度达到0.5mm。继续加载至$3\Delta_y$,节点腹板处部分混凝土表皮脱落;反向加载,翼缘混凝土表皮脱落且剪切裂缝较多,上下延伸至柱中部(右梁反向承载力已经下降到85% 最大承载力),卸载后再进行$3\Delta_y$第三次循环时,右梁反向已经屈服,且产生较大变形。加载到此时,构件发出破碎的响声,停止继续加载,左梁的承载力下降到破坏荷载。

综合比较各中节点试件的受力破坏过程可以看出:无纤维增强普通异形柱节点由于梁端混凝土剥落,导致节点区腹板发生较严重破坏。采用纤维增强后,节点区破坏特征得到显著改善,其中,钢纤维增强后节点裂缝更加密集,裂缝宽度更小,说明纤维对于改善节点区混凝土受力性能具有重要作用。尤其是纤维掺入范围在扩大到与节点相连的梁端一定距离后,对于梁端塑性铰的产生具有明显推迟作用,梁的破坏不再集中于梁端塑性铰部位,其破坏更加分散,材料性能可以得到更充分的发挥。从破坏特征上也可以看出,仅采用体积含量为1%的钢纤维增强的不配置箍筋的中节点核心区由于无箍筋约束,其破坏过程裂缝数量多、宽度大,其翼缘出现贯通的斜裂缝,斜裂缝向上下柱端延伸,其整体节点破坏程度更加严重。

3.1.2 边节点试验现象

异形柱边节点的破坏形态如图3-2所示。

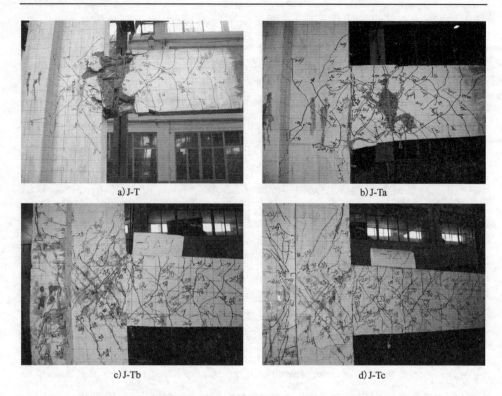

a) J-T 　　b) J-Ta

c) J-Tb 　　d) J-Tc

图 3-2　边节点的破坏形态

J-T 边节点：当梁端竖向荷载加载至 40kN 时，节点核心区腹板处开始有斜向剪切裂缝出现。随着加载的不断进行，节点核心区腹板处的裂缝不断增多且逐渐斜向延伸，梁端上部的弯曲裂缝发展为剪切裂缝。当加载至 50kN 时，节点核心区腹板处斜裂缝宽度增加至 0.2mm。当梁端竖向荷载加载至 $2\Delta_y$ 时，梁端的斜裂缝宽度超过 2mm。当加载至 $3\Delta_y$ 时，混凝土保护层有翘起剥落现象出现，节点核心区的裂缝逐渐延伸开展，斜裂缝宽度超过 0.5mm，梁端和节点核心区交界处的裂缝上下贯通。当加载至 $4\Delta_y$ 时，梁端的混凝土保护层剥落较为严重，节点核心区腹板上部也有混凝土保护层局部剥落，箍筋外露。试件破坏时，梁端的混凝土保护层几乎全部剥落，梁端纵筋和箍筋外露，节点核心区裂缝开展迅速，宽度逐渐增加，节点破坏较为严重。反向加载时，裂缝的开展情况几乎与正向加载时的相同。

J-Ta 边节点：在柱两端施加恒定的轴压力 250kN，在第一次循环正向（向下）加载至 20kN 时，梁端上部受拉区首先出现垂直裂缝，裂缝宽为 0.05mm。第二次循环正向加载至 35kN 左右,梁自由端位移达到 4.2mm 时,梁上出现了多条弯曲裂缝。第三次循环正向加载至 50kN 左右,节点核心区腹板出现了剪切斜裂缝,裂缝宽度为 0.05mm,然后卸载至 0,反向(向上)加载至 50kN 左右,在核心区腹板内出现交叉斜裂缝,裂缝宽度为 0.05mm。第四次循环正向加载至 55kN,梁端屈服位移为 8.99mm 时,梁上部纵筋屈服,此时核心区腹板又出现一条贯穿剪切斜裂缝,且在核心区腹板上部出现裂缝并向柱上端发展,同时梁上也出现多条斜裂缝,裂缝宽度约为 0.15mm;然后卸载到 0,反向加载至 55kN,梁端屈服位移为 7.23mm 时,梁下部纵筋屈服,从此循环开始以位移控制加载。在 $2\Delta_y$ 时,腹板裂缝向与翼缘交界处延伸,裂缝宽为 0.05mm;在核心区与梁端相接处出现贯通裂缝。在 $3\Delta_y$ 时,核心区腹板裂缝发展缓慢,裂缝宽度增长不多,基本没有出现新的剪切斜裂缝。在 $4\Delta_y$ 时,节点达到极限荷载值,其中正向为 72kN,反向为 80kN,此时梁端贯通裂缝宽度继续扩展。在 $5\Delta_y$ 时,正向承载力下降至 53kN,负向下降至 61kN,低于极限荷载值的 85%。此时在梁端周围混凝土表皮外鼓,距离梁端 15mm 处梁侧面混凝土保护层脱落,露出箍筋,节点已经破坏。

J-Tb 边节点:在柱两端施加恒定的轴压力 250kN,第一次循环正向(向上)加载至 20kN 时,梁端底部受拉区首先出现了垂直弯曲裂缝,裂缝宽为 0.05mm。第二次循环正向加载至 38kN 左右,节点核心区腹板出现贯通斜裂缝,裂缝宽为 0.05mm,然后卸载至 0,反向(向下)加载至 39kN 左右,在核心区腹板出现交叉斜裂缝,裂缝宽达 0.1mm;同时梁上下也出现多条弯曲裂缝。在第三次循环反向加载至 47kN 左右,节点核心区腹板裂缝延伸至翼缘侧面,腹板裂缝宽度达到 0.3mm,翼缘裂缝宽度为 0.05mm。第四次循环正向加载至 54kN,梁端屈服位移为 12.27mm 时,梁下部纵筋屈服,此时核心区腹板出现多条交叉斜裂缝,在翼缘背面出现了弯曲裂缝,且延伸至翼缘正面;在反向加载至 52kN,梁端屈服位移为 12.62mm 时,梁上部钢筋屈服,从此循环开始以位移控制加载。此时腹板裂缝宽 0.4mm,腹板裂缝延伸至翼缘,同时核心区腹板的裂缝向上下柱端延伸。随着循环次数的增多,节点核心区和梁端受到反复荷载作用也越大。在 $2\Delta_y$ 时,节点核心区腹板斜裂缝继续向柱上下端发展,腹板裂缝宽度达到 0.4mm,同时核心区腹板箍筋开始屈服,说明箍筋与混凝土共同承担了抗剪作用。此时翼缘侧面裂缝宽度达到 0.1mm,翼缘背面出现了贯通的弯曲斜裂缝,裂缝宽度为 0.2mm。在 $3\Delta_y$ 时,核心区腹板混凝土表层开始外鼓,腹板上的裂缝宽度达到 0.8mm,翼缘正面裂缝宽度为 0.3mm;节点此时达到极限荷载值,其中正向为 80kN,反向为 68kN。在 $4\Delta_y$ 时承载力没有大幅度下降,核心区腹板出现多条向四周延伸的裂缝,核心区翼缘正面裂缝宽度为0.4mm,翼缘背面斜裂缝宽度为0.2mm,翼缘背面同时出现了竖向裂缝。在5Δ_y时,承载力正向下降至62kN,反向下降至45kN,此时承载力下降至低于极限荷载值的85%,节点已经破坏。

J-Tc边节点:在柱两端施加恒定的轴压力250kN,第一次循环正向(向上)加载至20kN时,梁端部底部受拉区首先出现了垂直弯曲裂缝,裂缝宽为0.05mm。第二次循环正向加载至38kN左右,节点核心区腹板出现贯通斜裂缝,裂缝宽0.15mm,然后卸载至0,反向(向下)加载至40kN左右,在核心区腹板出现方向交叉斜裂缝,同时梁上也出现多条弯曲裂缝,裂缝宽为0.08mm。第三次循环正向加载至47kN,核心区腹板裂缝宽度达到0.25mm,反向加载到47kN时,裂缝宽度为0.2mm。第四次循环正向加载至52kN,梁端屈服位移为13.31mm时,梁下部纵筋屈服,此时腹板裂缝宽0.35mm;在反向加载至58kN,梁端屈服位移为14.36mm时,梁上部钢筋屈服,从此循环开始以位移控制加载;此时节点核心区腹板裂缝延伸至翼缘正面,腹板裂缝宽度达到0.3mm,翼缘裂缝宽度为0.05mm,同时核心区腹板的裂缝向上下柱端延伸。在2Δ_y时,核心区腹板箍筋开始屈服,说明箍筋与混凝土共同承担了抗剪作用;腹板裂缝宽度达到0.7mm,翼缘裂缝宽度为0.1mm,梁柱交接处出现贯通裂缝,翼缘背面出现弯曲裂缝。在3Δ_y时,节点承载力达到极限荷载值,其中正向为71kN,反向为70kN,此时核心区腹板裂缝宽度达到1.3mm,翼缘正面裂缝宽度为0.2mm,翼缘侧面裂缝为0.3mm,翼缘背面出现贯通弯曲裂缝,核心区混凝土表皮外鼓。在4Δ_y时,节点承载力没有下降,核心区翼缘正面裂缝宽度为0.7mm,翼缘侧面裂缝宽度达到1.0mm,同时翼缘背面出现竖向裂缝。在5Δ_y时,承载力正向下降至52kN,反向下降至40kN,此时承载力低于极限荷载值的85%,此时核心区混凝土起鼓严重,核心区柱上端出现一条斜向劈裂裂缝,柱下端混凝土部分脱落,节点已经破坏。

综合比较各边节点试件的受力破坏过程可以看出:采用纤维增强后,其节点区裂缝宽度减小,破坏特征得到显著改善,梁端混凝土碎裂状况得到改善。从不同纤维增强范围比较发现,仅在节点区加入纤维的增强方法,节点区裂缝数量更少,裂缝宽度也有所减小,其梁端塑性铰发展对节点区破坏影响不大,但梁端和节点连接位置破坏比较显著。而在节点区和相邻梁端一定范围掺入纤维后,其节点组合体破坏特征更加分散,其破坏以梁的破坏开始,最后纤维增强区域内节点和梁均出现大量裂缝,裂缝宽度较小,裂缝间混凝土无剥落现象,梁端塑性铰处破坏分散,塑性铰发展缓慢,破坏过程更缓和。

3.2　箍筋应变

通过在节点核心区箍筋位置粘贴电阻应变片来测量各主要工况下相应位置的节点箍筋的应变变化,节点的箍筋应变片的布置情况如图3-3所示。

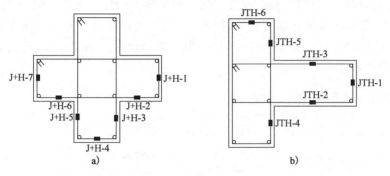

图3-3　箍筋应变片的位置

J+H-1-中节点在1号位置箍筋应变片;JTH-1-边节点1号位置箍筋应变片;其他类似

3.2.1　中节点箍筋应变

中节点的荷载—箍筋应变曲线如图3-4所示。由于箍筋位置具有对称性,处于对称位置处的箍筋应变变化类似,下面以 J+H-4 为例说明中节点核心区的箍筋应变变化情况。

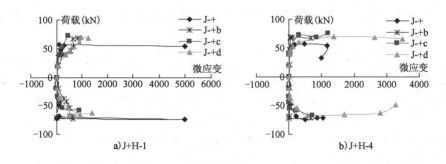

图3-4　中节点荷载—箍筋应变

由图3-3异形柱中节点箍筋布置情况和图3-4中节点核心区不同位置箍筋应变变化及同一位置各中节点试件的箍筋应变变化情况可以看出:

异形柱框架节点核心区受力复杂,在混凝土开裂前,节点核心区的混凝土处于弹性工作状态,应力主要由混凝土来承担,箍筋的应力非常小。随着荷载的不断增加,试件出现斜裂缝,混凝土开始逐渐丧失承载能力,箍筋承担的应力突然增大,随后箍筋应力增长较快。横向箍筋可以直接承担节点的受剪承载力,纵向箍筋通过约束核心区混凝土承担节点的受剪承载力。在节点核心区,用钢纤维增强的异形柱框架节点腹板和翼缘侧面的箍筋应变小于同一工况下未用钢纤维增强的异形柱节点试件的箍筋应变。这是由于掺入钢纤维提高了核心区混凝土开裂荷载,提高了混凝土抗剪作用,因此,在加载初期降低了箍筋应变。随着节点核心区的开裂,翼缘处箍筋应变较小,腹板箍筋应变逐渐增加,一般腹板比翼缘先发挥抗剪作用。

3.2.2 边节点箍筋应变

异形柱边节点核心区的荷载—箍筋应变曲线如图 3-5 所示。

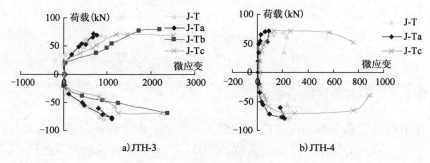

a)JTH-3 b)JTH-4

图 3-5 边节点荷载—箍筋应变

由图 3-3 异形柱节点箍筋布置情况和图 3-5 边节点核心区箍筋应变变化情况可以发现:

箍筋应变 JTH-2 和 JTH-5 分别位于 JTH-3 和 JTH-4 对称位置处,箍筋应变变化规律较相似,因此,未分析箍筋 JTH-2 和 JTH-5 处的应变变化。在试验加载过程中,翼缘处箍筋应变的数值很小,始终未超过 70 个微应变。横向箍筋 JTH-3 能够直接承担边节点抗剪承载力,随着荷载的不断增加,箍筋应变也逐渐增加。纵向箍筋 JTH-4 通过约束核心区的混凝土来承担边节点抗剪承载力,试验加载初期时,其箍筋应变值较小,箍筋处于弹性范围之内,混凝土承担主要的剪力;随着节点核心区逐渐开裂,箍筋应变也逐渐增加。在边节点试件开裂以后,翼缘处的箍筋应变较小,腹板侧面的箍筋应变不断增加,因此,异形柱边节点腹板侧面箍筋应变比腹板端面及翼缘处箍筋应变值大。

对比异形柱边节点核心区的箍筋应变大小及变化规律能够发现,由于在边

30

节点核心区加入聚丙烯纤维提高了核心区混凝土的开裂荷载,从而提高了混凝土的受剪作用,在同等条件下可以降低加载初期节点试件核心区箍筋应力。因此,在加载初期,聚丙烯纤维增强的异形柱边节点试件的节点腹板侧面及翼缘处箍筋应变小于未增强的异形柱边节点相应位置处箍筋应变。

3.3　本章小结

通过对两组异形柱节点核心区采用纤维增强的异形柱节点进行低周往复荷载作用下的试验研究,从破坏特征、节点核心区的箍筋应变等方面对比分析了异形柱节点的受力性能,研究了纤维对异形柱节点受力性能的增强效果。通过研究可以得出以下结论:

(1)通过对比分析异形柱节点试件的破坏过程及最终破坏形态可以发现,在异形柱节点核心区采用纤维增强的异形柱节点试件,能够推迟节点核心区混凝土的开裂,减小裂缝宽度,显著改善异形柱节点与相邻梁端的混凝土剥裂程度,节点试件的破坏特征得到显著改善。

(2)异形柱节点试件的翼缘抗剪作用滞后于腹板,腹板的平行于剪力方向的箍筋应变大于腹板的垂直剪力方向的箍筋应变及翼缘处的箍筋应变。采用纤维增强的异形柱节点可以提高箍筋应变,增大腹板平行剪力方向的箍筋应变,提高抗剪能力,从而能够推迟其他位置的箍筋屈服。

4　纤维增强的异形柱节点抗震性能试验分析

本章通过对比分析采用聚丙烯纤维、钢纤维增强的异形柱框架中节点与边节点试件与普通未增强的异形柱中节点与边节点试件的承载能力、变形能力和位移延性、滞回曲线、骨架曲线、刚度退化、耗能能力以及累积损伤等抗震性能指标,在对比分析各节点试件抗震性能指标的基础上,研究纤维对混凝土异形柱节点抗震性能的影响以及纤维对异形柱框架节点薄弱部位的增强作用。

4.1　承载能力、变形能力和位移延性

结构构件的承载能力是低周往复试验的一项重要指标,也是衡量其抗震性能的重要依据。开裂荷载指异形柱框架节点核心区开裂时对应的荷载。极限荷载为达到最大承载能力时的梁端荷载值,破坏荷载为试件经历最大承载力后,下降到极限荷载的85%时对应的荷载值。屈服荷载是结构构件荷载控制与位移控制的分界点,试验时可取受拉纵筋屈服时对应的工况点,在试验时很难直接得到试件的屈服点。试件各工况下的位移为相应荷载对应的位移。目前,根据骨架曲线确定屈服点的方法主要有几何画图法和等面积法两种。

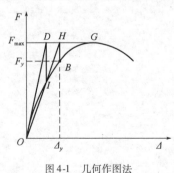

图 4-1　几何作图法

几何作图法的示意图如图 4-1 所示。首先过曲线原点作切线 OD,和过极限荷载点 G 的水平线交于点 D,过点 D 作横轴的垂线交于曲线点 I,连接 OI 并延长后交直线 DG 于点 H,过点 H 作横轴垂线交曲线于点 B,点 B 即近似屈服点。

如图 4-2 所示是根据曲线包围的面积相等的办法确定的等效屈服点,即等面积法。首先过曲线原点作割线与通过极限荷载点 G 的水平线交于点 H,与交曲线于点 I,不断调整割线的倾斜角,使 OIC 的阴影部分面积与 IGH 的阴影部分面积相等。然后过点 H 作横

轴垂线交于骨架曲线上的点 B，B 点即近似屈服点。

过曲线原点作骨架曲线的切线,直接影响到能否准确确定屈服点的位置,在实际操作过程中,准确作出曲线的切线比较困难。所以,本书中采用等面积法确定屈服点。

结构抗震分析中,延性是重要的衡量指标,表示当结构达到弹性荷载后能够在更大变形情况下保证结构的承载力所具有的性能,一般用位移延性系数表示。

位移延性系数的数学表达式为:

$$\mu_u = \frac{\Delta_u}{\Delta_y} \tag{4-1}$$

式中:μ_u——位移延性系数;

Δ_u——破坏位移(mm),荷载下降到极限荷载的 85% 时所对应的位移;

Δ_y——屈服位移(mm),构件屈服时对应的位移。

式(4-1)中各参数在骨架曲线上的位置如图 4-3 所示。

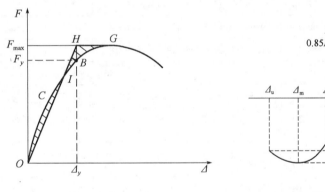

图 4-2　等面积法

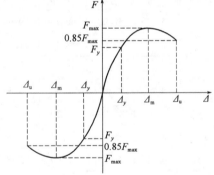

图 4-3　骨架曲线

异形柱框架节点试件的开裂、屈服、极限荷载及开裂、屈服、极限、破坏位移与位移延性系数如表 4-1 所示。

节点的承载力、位移及延性系数　　　　　　　　　　　　　　　表 4-1

试件编号	加载方向	荷载(kN)			位移(mm)				延性系数
		开裂	屈服	极限	开裂	屈服	极限	破坏	
J-+	正向	37.50	45.40	58.00	7.32	10.63	28.76	38.35	3.61
	反向	33.00	56.85	74.50	7.01	16.30	36.47	63.01	3.87
	平均	35.25	51.13	66.25	7.17	13.47	32.62	50.66	3.74

高强钢筋混凝土异形柱及节点试验与设计方法

续上表

试件编号	加载方向	荷载(kN)			位移(mm)				延性系数
		开裂	屈服	极限	开裂	屈服	极限	破坏	
J-+a	正向	39.00	55.00	69.50	6.75	13.50	30.64	57.61	4.27
	反向	38.50	56.80	70.00	8.06	14.81	27.24	46.81	3.16
	平均	38.75	55.90	69.75	7.41	14.16	28.94	52.21	3.71
J-+b	正向	39.50	63.50	74.00	10.43	23.05	60.08	84.16	3.65
	反向	37.00	63.00	73.00	9.08	24.09	62.88	78.48	3.26
	平均	38.25	63.25	73.50	9.76	23.57	61.48	81.32	3.45
J-+c	正向	37.50	67.50	80.00	9.15	24.16	64.68	80.03	3.31
	反向	34.50	60.00	68.00	8.47	24.32	49.11	68.05	2.80
	平均	36.00	63.75	74.00	8.81	24.24	56.90	74.04	3.06
J-+d	正向	39.50	64.00	71.00	11.51	27.21	66.93	89.96	3.31
	反向	34.50	57.50	68.00	14.02	24.13	65.93	82.37	3.41
	平均	37.00	60.75	69.50	12.77	25.67	66.43	86.17	3.36
J-+e	正向	16.00	58.50	71.00	5.85	22.61	27.83	60.50	2.68
	反向	28.00	55.50	60.00	7.98	23.27	30.46	47.43	2.04
	平均	22.00	57.00	65.50	6.92	22.94	29.15	53.97	2.36
J-T	正向	36.00	55.30	70.00	4.22	8.82	26.04	36.05	4.09
	反向	35.00	56.70	80.00	3.31	7.51	21.48	38.76	5.16
	平均	35.50	56.00	75.00	3.77	8.17	23.76	37.41	4.62
J-Ta	正向	50.00	58.10	73.00	7.33	10.94	36.15	41.42	3.79
	反向	50.00	62.10	80.00	6.18	10.05	34.77	41.78	4.16
	平均	50.00	60.10	76.50	6.76	10.50	35.46	41.60	3.97
J-Tb	正向	38.00	54.50	80.00	7.60	12.31	46.96	54.81	4.45
	反向	39.00	52.20	70.00	8.16	12.62	24.10	58.32	4.62
	平均	38.50	53.40	75.00	7.88	12.47	35.53	56.57	4.54
J-Tc	正向	38.00	53.30	71.00	8.49	13.35	40.00	61.78	4.63
	反向	40.00	57.50	70.00	8.15	14.31	42.22	64.31	4.49
	平均	39.00	55.40	70.50	8.32	13.83	41.11	63.05	4.56

中节点 J- + a、J- + b、J- + c 及 J- + d 的开裂荷载平均值比未增强的节点试件 J- + 的开裂荷载平均值分别提高 3.5kN、3kN、0.75kN、1.75kN,同时屈服荷载平均值分别提高 4.77kN、12.12kN、12.62kN、9.62kN,极限荷载平均值分别提高 3.5kN、7.25kN、7.75kN、3.25kN,边节点核心区加入纤维的试件的开裂荷载、屈服荷载和极限荷载平均值均比未增强的试件 J-T 的开裂荷载、屈服荷载和极限荷载平均值高,这说明在异形柱节点核心区加入纤维均可提高节点的开裂荷载、屈服荷载和极限荷载。与钢纤维增强的节点试件相比,在中节点核心区浇筑钢纤维混凝土并向梁内延伸一倍的有效梁高的试件的承载能力最大。纤维增强的中节点试件的各项荷载对应的位移平均值均大于未增强的异形柱中节点 J- + 的位移平均值,边节点核心区加入纤维的试件的各项荷载对应的位移平均值也均大于未增强的异形柱边节点 J-T 的位移平均值,J- + b 的极限位移平均值比J- + 的极限位移平均值大 28.86mm,钢纤维增强的异形柱中节点在提高变形能力方面效果显著。

一般情况下,结构位移延性系数取值为 3 ~ 5,以确保结构构件具有较高的曲率延性。通过计算得到的节点试件的位移延性系数平均值如表4-1 所示。除节点 J- + e 的平均位移延性小于 3 外,其余均为 3 ~ 5,表明不配置箍筋的钢纤维中节点位移延性较差,纤维增强的异形柱节点均能够满足延性性能要求,异形柱节点试件的延性较好。

与钢纤维、聚丙烯纤维增强的节点试件相比,节点区及向梁端一倍梁高范围内掺入钢纤维、聚丙烯纤维增强的边节点在承载能力、变形能力和延性性能的方面增强效果最佳。

4.2　滞回曲线

滞回曲线是研究结构抗震性能的重要指标之一,通过加载循环一次得到的荷载—位移曲线即为滞回曲线,或称滞回环。滞回环的饱满程度及循环次数等均可以反映结构的抗震性能。几种典型的滞回环如图4-4 所示。其中,a)表示梭形滞回环,典型的受弯、偏压及弯压破坏的弯剪构件等出现此类滞回环;b)表示弓形滞回环,表现出一定的剪切及钢筋滑移影响,中部有明显"捏缩"效应出现,构件的剪跨较大、剪力较小且配一定箍筋弯剪构件与偏压剪构件等出现此类滞回环;c)为反 S 形滞回环,滑移现象较为严重,一般框架、梁柱节点和剪力墙等多表现为此类反 S 形滞回环;d)表示 Z 形滞回环,表现出更多的滑移,一般剪跨小、斜裂缝充分发展的构件以及锚固钢筋发生较大滑移构件出现此类滞回环。

不同的试件在模拟低周往复荷载下的滞回特性可通过滞回环的形状直观地表示出来。一般情况下,发生正截面受弯破坏的试件的滞回环呈梭形,发生斜截面剪切破坏以及主筋黏结破坏的试件会随着混凝土与钢筋间滑移量增大及斜裂缝的延伸、反复开闭等出现刚度退化,最终滞回曲线呈现反S形。随着滑移量的不断增大,这四种滞回环的耗能能力逐渐减弱。在许多构件的加载过程中,前三种滞回环一般均会出现,但破坏时主要以其中一种或几种为主。

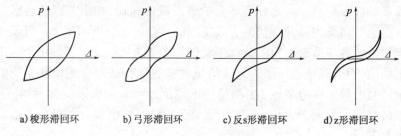

a)梭形滞回环　　b)弓形滞回环　　c)反s形滞回环　　d)z形滞回环

图4-4　典型滞回环

绘制试验得到的异形柱中节点试件的荷载—位移滞回曲线,如图4-5所示。

比较四个异形柱中节点试件的滞回曲线可以发现:滞回环的形状由开始的梭形逐渐发展为弓形。当节点试件屈服后,随着荷载的不断增加及循环次数的增加,试件的变形也在不断增加,但是节点试件的承载力增加程度不大。随荷载不断增加,加载曲线的斜率却逐渐减小。数次往复加载后,曲线上出现拐点,形成中间捏拢现象。在卸载初期,滞回环曲线较为陡峭,随着荷载的不断减小,曲线逐渐趋于平缓。随往复加卸载不断进行,曲线的斜率逐渐减小,反映了结构卸载的刚度退化。当荷载卸至零后,结构出现不能恢复的残余变形。随往复加卸载次数不断积累,残余变形值逐渐增大,表明异形柱节点塑性不断发展。比较同一位移控制的三次同向加载曲线可以看出,由于往复荷载下结构不断损伤,曲线的斜率逐渐减小,异形柱节点的刚度也在不断退化。

不同之处在于:未增强的异形柱中节点试件 J-＋的滞回曲线加载前期滞回性能较好,后期承载力下降较快。而在节点核心区,加入纤维的节点试件的滞回曲线较为饱满,试件的刚度退化较为缓慢,滞回曲线中部"捏缩"效应得到改善。钢纤维增强节点 J-＋b 比 J-＋a 增强效果明显,其滞回环更加饱满,中部捏拢情况大大改善。J-＋ 和 J-＋e 比较表明,节点不配箍筋而采用钢纤维混凝土浇筑时,其滞回环循环次数明显减少,滞回环中部捏拢现象严重,达到最大承载力后,很快强度变形退化达至节点破坏。因此,本书掺量的钢纤维混凝土无法完成节点区配箍的替代,采用钢纤维混凝土增强的节点区尚需满足一定的配箍要求。

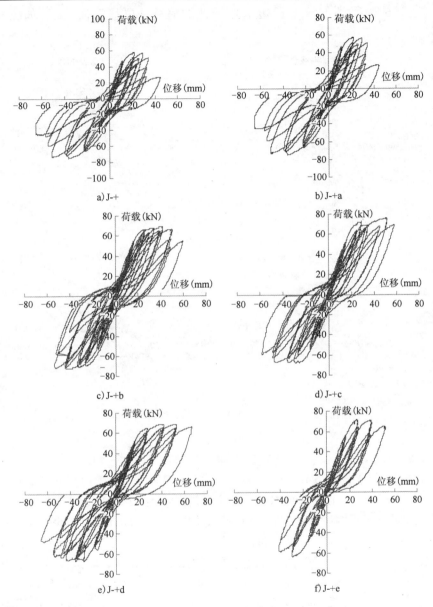

图 4-5 中节点滞回曲线

钢纤维混凝土对滞回性能改善比聚丙烯纤维混凝土的效果更好,在中节点核心区浇筑钢纤维混凝土并向梁内延伸一倍的有效梁高的试件的滞回曲线较其他范围钢纤维增强的试件的饱满。

　　绘制试验得到的异形柱边节点试件的荷载—位移滞回曲线,如图 4-6 所示。

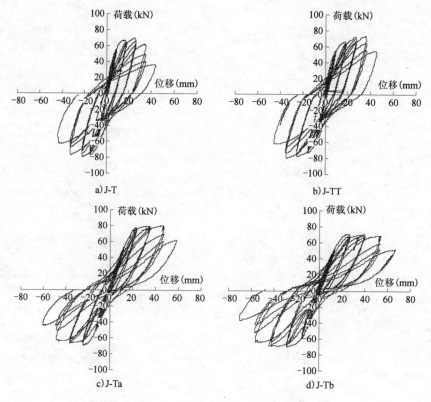

图 4-6　边节点滞回曲线

　　比较四个异形柱边节点试件的滞回曲线,总体来看,在加载初期,滞回环面积很小,呈梭形;试件开裂以后,滞回环面积变大,出现残余变形;在纵筋屈服后,滞回环面积继续增大,发展到弓形,刚度退化加快,曲线中部的捏拢现象反映了试件的剪切刚度退化,表现出了一定的剪切破坏征兆;随着荷载的继续增加,滞回环逐渐向 S 形过渡;最后,试件的强度和刚度骤降,试件破坏。当达到极限荷载后,未增强的异形柱节点试件 J-T 的强度退化较快,卸载后的残余变形也较大,说明在低周往复荷载作用下,未增强的异形柱节点试件的累积损伤程度不断增加,出现不可恢复的塑性变形。在节点核心区,加入纤维的节点试件的滞回环所包围的面积更大,表现出较好的耗能能力,后期残余变形较小。纤维的加入,能够增强节点的刚度,提高节点抵抗地震的能力,从而有利于结构抗震。

4.3   骨架曲线

结构及构件的骨架曲线是在往复加载过程中将每一加载工况下第一次加载循环所得的滞回环峰值点的连线组成的滞回曲线的外包络曲线,能够直观反映结构构件在模拟地震作用下结构抗震性能。骨架曲线的峰值点能够反映结构的承载能力及变形能力,骨架曲线在弹性阶段的斜率能够表示结构构件的初始刚度,达到峰值点以后,曲线下降速度能够反映结构构件的强度变化,骨架曲线下降阶段刚度变化能够通过结构构件的刚度退化速度反映,骨架曲线的饱满程度能够表征在往复荷载作用下结构构件耗能能力。

根据试验结果得到的异形柱中节点试件及边节点试件的滞回曲线,取各自加载梁端荷载—位移滞回曲线的峰值点的连线,可以得到异形柱相应节点试件的骨架曲线,如图 4-7 所示。

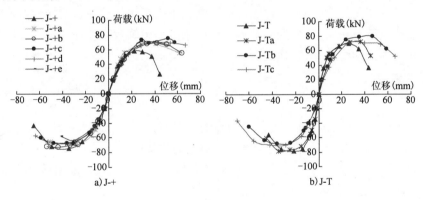

图 4-7   骨架曲线

通过对比异形柱中节点试件的骨架曲线发现,纤维增强的异形柱中节点试件在试件屈服后强化幅度较长,加载后期中节点试件的变形能力较大,承载力经历了较长的平台段以后发生下落。表明在异形柱中节点核心区加入纤维能够改善节点的强度及刚度等方面快速破坏的脆性方面的特征,可以提高异形柱中节点的抗震能力。正向加载时,纤维增强的异形柱中节点试件的承载力远高于比未增强的节点试件 J- + ;反向加载时,纤维增强的异形柱中节点试件的承载力略低于未增强的中节点试件 J- + 。总体来说,纤维增强的异形柱中节点试件正反向加载的平均极限承载力高于未增强的异形柱中节点试件 J- + ,表明在异形柱中节点核心区加入纤维能够提高试件的承载能力。

对比异形柱边节点试件的骨架曲线可以看出,纤维增强的异形柱边节点试件的骨架曲线更加饱满,正反两个方向的平均承载力更高、平均变形能力更大,达到极限荷载后具有较长的平台段,节点试件的延性性能较好。

节点区及两侧端延伸一倍梁高构件的骨架曲线优于其他构件。无箍筋的纤维增强节点骨架曲线与普通节点骨架曲线相比,其承载力和变形能力有限,其整体性能略差。

4.4　刚度退化

结构构件的刚度与承载力及延性等抗震性能指标类似,也是结构抗震性能的重要指标之一。在低周往复荷载作用下,随着位移的增大,结构构件刚度随着加载的不断进行而逐渐减小,结构构件的刚度退化是指随加载次数与位移增大,刚度逐渐减小,它反映了结构在模拟地震作用下破坏过程快慢程度及非线性地震中变形的变化规律,随着构件刚度的不断较小直至构件丧失承载能力而破坏。在低周往复荷载作用下,异形柱节点试件的刚度采用等效刚度,即骨架曲线原点与滞回环顶点连线斜率,表达式为:

$$K_i = \frac{F_i}{\Delta_i} \tag{4-2}$$

式中:F_i——第i次循环滞回曲线峰值点的荷载值;

Δ_i——第i次循环滞回曲线峰值点对应的位移值。

为消除不同批次构件混凝土强度对构件刚度退化的影响,采用残余刚度率曲线,残余刚度率表达式为:

$$\lambda = \frac{K_i}{K_0} \tag{4-3}$$

式中:λ——残余刚度率;

K_i——工况为i时的刚度;

K_0——初始刚度。

通过计算得到异形柱中节点及边节点试件的刚度退化曲线如图4-8所示。

两组异形柱节点试件的刚度退化过程较为类似,均经历了刚度速降、刚度次降及刚度缓降三个阶段。试件屈服以前,刚度退化较快,荷载和位移的增长呈线性比例,结构构件处于弹性阶段;试件屈服后,荷载增加较慢,位移增加较快,致使刚度退化曲线的斜率不断减小;达到极限荷载以后,试件的荷载变化不大,但

40

位移增长较为迅速,致使刚度退化曲线较为平缓。

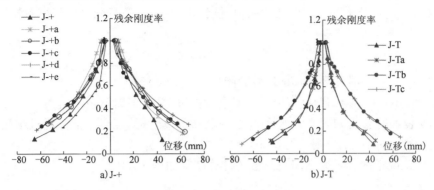

图 4-8　刚度退化曲线

通过对比异形柱中节点的刚度退化曲线发现,正向加载时,在异形柱节点试件核心区加入聚丙烯纤维、钢纤维均能够减缓试件的刚度退化,增加节点试件的变形能力,同时未增强的节点试件的曲线位于最下方,表明在中节点核心区加入纤维能够推迟节点试件的刚度退化;反向加载时,在异形柱中节点核心区加入纤维对改善节点的刚度退化影响效果不显著,但是纤维的加入能够增加中节点试件的变形能力。

与未增强的异形柱边节点试件相比,纤维增强的异形柱边节点试件在加载后期刚度退化曲线较缓,后期的变形能力更大,表明纤维对异形柱边节点后期的刚度退化具有一定的改善作用。聚丙烯纤维、钢纤维在改善边节点刚度退化方面的作用差别不大。

4.5　耗能能力

结构或构件的抗震性能主要取决于其非弹性阶段吸收以及耗散能量的大小。结构或构件在往复荷载作用下通过材料内摩阻、裂缝开展与塑性铰转动等内部损伤将能量转化为热能释放。若构件能充分耗散地震输入能量,且不丧失承载力与稳定性,能够表明构件抗震性能较好。

构件的耗能能力主要取决于荷载的大小、极限位移、破坏时滞回环的循环次数和滞回曲线饱满程度等因素。在滞回曲线上可通过加载时吸收能量与卸载时释放能量的差值来表示构件吸收的能量,即滞回环的面积。滞回环面积能够衡量结构构件的耗能能力,该能力表示结构构件在地震作用下所能承受的最大能量输入,滞回环面积越大,表明试件吸收地震能量越大,其抗震能力越好。同时,滞回环越饱满,滞回环数量越多,结构构件总耗能能越强。一般用等效黏滞阻尼系数 h_e 来衡量结构或构件的耗能能力,按公式(4-4)计算等效黏滞阻尼系数:

$$h_e = \frac{1}{2\pi} \frac{S_{\triangle ABCD}}{S_{\triangle OCF} + S_{\triangle OAE}} \tag{4-4}$$

式中:$S_{\triangle ABCD}$——滞回环 $ABCD$ 耗散的能量;

$S_{\triangle OAE}$、$S_{\triangle OCF}$——假想弹性结构达到相同位移 OE、OF 时吸收的能量。

S 表示的意义如图 4-9 所示。滞回环 $ABCD$ 耗散的能量一部分通过结构弹性变形耗散,另一部分通过结构非弹性变形耗散。异形柱中节点及边节点试件各主要工况下的等效黏滞阻尼系数的计算结果如表 4-2 所示。

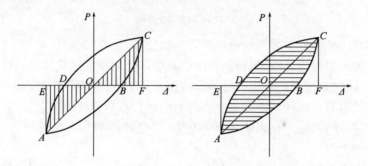

图 4-9　滞回环示意图

等效黏滞阻尼系数　　　　　　　　　　　　　　　　　　　　表 4-2

	位移(mm)	—	6.80	11.22	22.55	33.06	42.74	50.66
J- +	三角形面积	—	257.00	519.50	1387.00	2197.00	2749.50	1973.00
	滞回环面积	—	104.50	254.50	1287.00	2376.50	2804.00	2990.00
	h_e	—	0.06	0.07	0.14	0.17	0.16	0.26
	位移(mm)	3.14	6.69	10.37	17.05	25.97	33.42	52.21
J- + a	三角形面积	64.00	312.00	535.50	816.00	2005.50	2533.00	2947.00
	滞回环面积	17.50	156.00	229.50	384.00	2390.00	2821.00	3615.50
	h_e	0.04	0.07	0.07	0.11	0.18	0.17	0.23
	位移(mm)	3.90	9.51	12.90	15.27	25.44	31.67	42.32
J- + b	三角形面积	85.50	390.50	624.00	857.00	1787.00	2324.50	3088.00
	滞回环面积	34.50	163.00	197.50	259.50	1285.00	1786.50	2769.00
	h_e	0.06	0.07	0.05	0.05	0.11	0.12	0.14

J-+c	位移(mm)	3.85	8.88	11.90	15.64	29.74	35.57	49.72
	三角形面积	74.50	325.00	526.00	824.00	2083.50	2703.00	3580.50
	滞回环面积	29.50	122.00	154.50	257.00	1673.50	1931.50	3476.50
	h_e	0.06	0.06	0.05	0.05	0.13	0.12	0.15
J-+d	位移(mm)	4.49	10.46	12.35	17.82	28.49	43.56	54.57
	三角形面积	89.50	397.00	539.00	969.50	1894.50	2947.50	3615.50
	滞回环面积	36.50	160.00	146.00	351.50	1809.00	2716.00	3171.00
	h_e	0.07	0.07	0.05	0.06	0.15	0.15	0.14
J-+e	位移(mm)	3.20	7.12	11.77	16.46	29.00	40.36	–
	三角形面积	55.00	215.00	495.50	865.00	1940.50	2590.50	—
	滞回环面积	25.50	92.00	190.50	323.50	1346.00	1938.50	—
	h_e	0.10	0.09	0.07	0.06	0.11	0.12	—
J-T	位移(mm)	1.81	3.77	7.79	15.66	23.62	33.54	43.03
	三角形面积	36.00	134.00	428.00	1107.00	1747.00	2306.00	1998.00
	滞回环面积	15.00	52.00	150.00	1165.00	2116.00	3033.00	3292.00
	h_e	0.07	0.06	0.06	0.17	0.19	0.21	0.26
J-Ta	位移(mm)	1.88	3.82	8.11	16.55	26.03	35.46	45.27
	三角形面积	38	134	446	1137	1923	2675	2580
	滞回环面积	18	53	169	1116	2151	3275	3677
	h_e	0.0741	0.0627	0.0603	0.1562	0.178	0.1948	0.2283
J-Tb	位移(mm)	3.37	8.5	12.55	23.86	35.61	46.92	59.47
	三角形面积	67	332	658	1693	2580	3378	3232
	滞回环面积	31	155	190	1123	2499	3497	2206
	h_e	0.0753	0.0741	0.046	0.1058	0.1541	0.1647	0.1086
J-Tc	位移(mm)	3.62	8.48	14.13	27.61	41.17	55	68.35
	三角形面积	76	322	766	1946	2882	3656	3027
	滞回环面积	26	140	286	1690	3097	3685	2143
	h_e	0.0547	0.0689	0.0595	0.1382	0.171	0.1604	0.1126

　　从表4-2中可以看出,在荷载控制加载的过程中,试件的耗能能力及非弹性过程中耗能能力较小。在位移控制加载的过程中,耗能能力显著增加。

以等效黏滞阻尼系数为纵坐标,以试件在一个滞回环上的正反向峰值点对应的位移平均值为横坐标,绘制试件的等效黏滞阻尼系数—位移关系曲线,如图4-10所示。

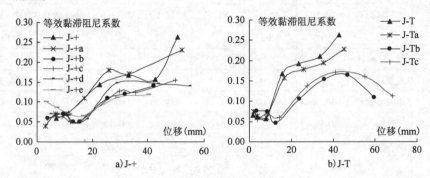

图4-10　等效黏滞阻尼系数

从各主要工况下试件的等效黏滞阻尼系数表以及各试件的等效黏滞阻尼系数曲线图可以看出,各异形柱节点试件在加载初期的等效黏滞阻尼系数较小,一般小于0.1。当试件屈服后,随着位移的增加,等效黏滞阻尼系数增长较快。未增强的异形柱节点试件的等效黏滞阻尼系数比纤维增强的异形柱相应节点试件的等效黏滞阻尼系数高,说明结构构件的非弹性耗能能力较强,结构的弹塑性变形较大,节点试件的破坏较为严重。

4.6　累积损伤

累积损伤模型综合反映了混凝土结构在低周往复荷载作用下变形过程中能量耗散和刚度退化等累积损伤性能。往复荷载下结构损伤评价模型的建立是根据能量耗散原理、强度衰减及钢筋混凝土结构在低周往复荷载下荷载—位移滞回曲线,以结构处在理想无损伤状态下外力做功作为初始标量。结构在任意循环下的累积损伤程度可用累积损伤指标 D_{ey} 表示[44]。累积损伤指标 D_{ey} 能够反映混凝土结构构件在往复荷载作用下所经历损伤以及累积的过程。可按公式(4-5)计算异形柱结构构件的累积损伤指标:

$$D_{ey} = \frac{K_0\Delta_i^2 - \left[\int_{\Delta_{i0}}^{\Delta_i} f_1(\Delta_i)\,\mathrm{d}\Delta_i + \int_{\Delta_{i1}}^{-\Delta_i} f_2(-\Delta_i)\,\mathrm{d}\Delta_i \right]}{K_0\Delta_i^{\,2}} \quad (4\text{-}5)$$

式中：　　　　K_0——结构构件初始刚度；

44

$f_1(\Delta_i)$、$f_2(-\Delta_i)$——第 i 次循环正向和反向的加载函数;

$\pm\Delta_i$——第 i 次循环正反向加载至峰值点荷载对应变形。

公式中符号表示的意义如图4-11所示。

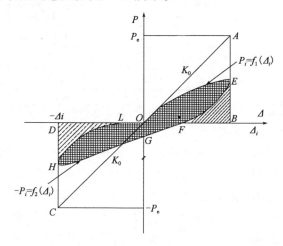

图4-11 试件受力状态

根据外力做功以及能量守恒定律,累积损伤指标 D_{ey} 又可以按公式(4-6)计算:

$$D_{ey} = \frac{(S_{\triangle OAB} + S_{\triangle OCD}) - (S_{OEFGHL} + S_{BEF} + S_{DHL})}{S_{\triangle OAB} + S_{\triangle OCD}} \qquad (4\text{-}6)$$

根据损伤指标和结构实际损伤程度,异形柱结构节点分为五个损伤等级:①$D_{ey} = 0 \sim 0.2$,节点基本完好;②$D_{ey} = 0.2 \sim 0.4$,节点轻微损伤,裂缝宽度不大于 0.2mm;③$D_{ey} = 0.4 \sim 0.6$,节点中度损伤,裂缝宽度由 0.2mm 到屈服;④$D_{ey} = 0.6 \sim 0.9$,由屈服到破坏荷载,节点严重破坏;⑤$D_{ey} > 0.9$ 时,节点失效。

通过计算得到试件在主要阶段的累积损伤指标,如表4-3所示。

节点的累积损伤指标　　　　　　　　　　　　　　　　表4-3

试 件 编 号	开　裂	屈　服	极　限	破　坏
J- +	0.02	0.53	0.73	0.93
J- + a	0.01	0.49	0.70	0.92
J- + b	0.01	0.11	0.44	0.69
J- + c	0.01	0.12	0.50	0.66
J- + d	0.12	0.42	0.60	0.77

试件编号	开 裂	屈 服	极 限	破 坏
J- + e	0.16	0.21	0.53	0.75
J-T	0.06	0.51	0.79	0.95
J-Ta	0.09	0.47	0.69	0.90
J-Tb	0.01	0.33	0.67	0.84
J-Tc	0.01	0.36	0.71	0.88

由表 4-4 可知,聚丙烯纤维、钢纤维增强的异形柱节点试件在破坏阶段的累积损伤指标明显比未增强的异形柱节点试件的累积损伤指标低,表明聚丙烯纤维、钢纤维可以显著改善节点试件破坏时的累积损伤程度。试件屈服后,在节点核心区加入纤维的累积损伤指标值分别小于未被增强的节点试件相应阶段的累积损伤指标值。说明在节点核心区加入纤维均能够减轻节点的累积损伤程度,加入纤维对改善节点的累积损伤程度更显著,在节点核心区和一倍梁高范围内加入聚丙烯纤维混凝土对于累积损伤程度改善的效果最佳。

4.7　本章小结

通过对两组异形柱节点核心区分别采用纤维进行增强的中节点及边节点试件进行低周往复加载试验,在试件的承载能力、变形能力及延性、滞回曲线、骨架曲线、刚度退化、耗能能力及累积损伤等方面,与未增强的异形柱中节点及边节点试件进行抗震性能对比分析,研究纤维对异形柱节点薄弱部位的增强作用,主要研究结论如下:

(1)与增强的异形柱节点试件相比,在异形柱节点核心区加入纤维能够有效提高节点试件的屈服、极限及破坏阶段的承载能力与变形能力。与钢纤维增强的节点试件相比,在中节点核心区浇筑钢纤维混凝土并向梁内延伸一倍的有效梁高的试件的承载能力最大。纤维增强的异形柱节点试件的位移延性系数一般在 3 以上,纤维增强的异形柱节点均能够满足延性性能要求,异形柱节点试件的延性较好。

(2)对比异形柱节点试件的滞回性能,与未增强的异形柱节点试件相比,纤维增强的异形柱节点试件的滞回曲线及骨架曲线较为饱满,在加载后期试件的刚度及强度退化较慢,卸载后的残余变形也较小。由此可见,纤维能够改善节点试件的薄弱部位的受力性能,从而提高异形柱节点的抗震性能。钢纤维混凝土对滞回性能改善比聚丙烯纤维混凝土的效果更好,在中节点核心区浇筑钢纤维混凝土并向梁内延伸一倍的有效梁高的试件的滞回曲线较其他范围钢纤维增强的试件的饱满。

(3)与未增强的异形柱节点试件相比,纤维增强的异形柱节点试件在加载后期刚度退化曲线较缓,后期的变形能力更大,表明纤维对异形柱节点后期的刚度退化具有一定的改善作用。

(4)纤维增强的异形柱节点试件的滞回环面积得到显著增加,即试件的非弹性体耗能能力增加,但等效黏滞阻尼系数变化不明显,即对总累积耗能力影响效果不显著。

(5)在节点核心区加入纤维能够减轻节点的累积损伤程度,在节点核心区和一倍梁高范围内加入聚丙烯纤维混凝土对于累积损伤程度改善的效果最佳。

5 纤维增强异形柱节点受力机理及设计方法研究

5.1 异形柱节点受力机理与设计方法

5.1.1 节点受力状态

在地震作用下,异形柱左右梁端、上下柱端节点的受力状态如图 5-1 所示。节点上下柱端及左右梁端所受弯矩方向相反,节点受水平及垂直方向剪力共同作用。异形柱节点的受力分析模型可依据矩形柱节点受力分析模型[45,46]、异形柱截面特性以及试验与理论分析得到。

以异形柱中节点为例说明节点的受力状态,梁端及柱端的弯矩依靠贯通的纵筋拉力及混凝土的压力传到节点核心区,纵筋拉力靠钢筋与混凝土间的黏结应力传到节点核心区混凝土,因此异形柱节点核心区的两个对角方向受到垂直及水平压力,另外两对角方向受到相应拉力。随着节点核心区对角方向的斜拉力的增加,当其超过混凝土的抗拉强度时,混凝土将会产生斜向剪切裂缝。在低周往复荷载作用下,另外对角方向也会出现斜裂缝,从而在节点核心区出现对角交叉斜裂缝。随着核心区混凝土逐渐破坏,混凝土承载力及刚度逐渐退化。同时,节点核心区两侧梁端纵筋一侧受拉、一侧受压,致使纵筋与混凝土间的黏结应力越来越大。随着梁端弯矩的逐渐增加,当梁纵筋屈服时,节点核心区混凝土的破坏越来越严重直至脱落。此时黏结应力消失了,钢筋有滑移现象出现。由于"强柱弱梁"的设计方案及轴压力的存在,柱纵筋的滑移会得到改善。当梁纵筋在异形柱节点核心区黏结滑移时,梁纵筋所受的力不能传至节点核心区的混凝土,从而导致梁发生较大范围的转动,节点的刚度退化速度加快,节点逐渐由刚接变为铰接,耗能能力逐渐降低,最终节点丧失承载能力而破坏。

对于异形柱边节点,破坏过程与中节点类似,不同之处在于边节点只有一端有梁,在节点核心区产生的剪力比中节点小,但边节点梁纵筋的锚固长度要满足规范要求,否则容易发生锚固长度不足而使节点破坏。

5.1.2 节点破坏机理

通过分析矩形截面柱节点的受力机理,并考虑异形柱节点本身特点,给出异形柱节点的抗剪机理主要有斜压杆机构、桁架机构、约束机构以及翼缘销固作用等传力机构[47,48]。节点受力状态如图 5-1 所示。

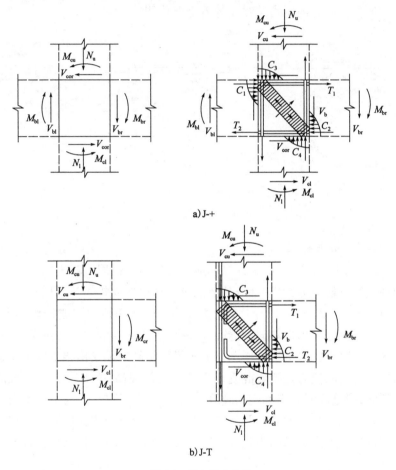

a) J-+

b) J-T

图 5-1   节点受力状态

5.1.2.1   斜压杆机构

框架节点中典型传力机构如图 5-2 所示。图中梁柱端受压区的混凝土压力,抵消相应部分柱端与梁端剪力后,其余大部分压力将在节点核心区斜向对角线方向上的一定宽度范围合成斜向压力,形成传递斜向压力的斜压杆。由于异

49

形柱节点核心区翼缘的影响,限制裂缝的发展及斜压混凝土的侧向变形,其斜压杆的宽度大于矩形柱普通节点的宽度,斜压杆的抗压强度得到增强。当框架结构在水平地震作用下,节点核心区竖向与水平剪力均正负交替变化,斜压杆将会从节点一个对角斜向向另一个对角斜向交替转变。其中,斜向的压力均从零增加至交替循环最大值,然后又降至零。在抵抗节点竖向与水平剪力的过程中,斜压杆机构所传递的斜向压力始终发挥着重要作用。

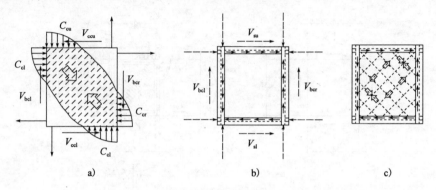

图 5-2　节点传力机构

5.1.2.2　桁架机构

如图 5-2b)和 c)所示,由梁柱纵筋通过黏结传递四周混凝土的剪应力,一部分抵消柱端和梁端剪力,另一部分从节点核心区的四周传入节点核心区混凝土,在整个节点核心区形成由斜向正交的主拉应力与主压应力组成的均匀剪力场。节点核心区混凝土未出现斜向裂缝时,混凝土承担主要的主拉及主压应力,即节点核心区的混凝土在水平地震作用下分别沿两个斜向承受桁架机构中交替作用的斜向主拉与主压应力。随着混凝土主拉应力的提高,节点核心区将会出现斜向交叉裂缝,裂缝间混凝土承担与裂缝方向平行的主压应力,与节点受力方向平行的平面内节点的水平箍肢以及竖向柱筋承担正交方向主拉应力。节点核心区的桁架结构抵抗剪力是纵筋为弦杆,裂缝间混凝土为压杆,箍筋为拉杆的共同作用的结果。

为了与试验实际情况相符,构件的抗剪强度应由箍筋的抗剪和混凝土的抗剪两部分组成,采用两项相加的形式作为抗剪强度的计算公式。其中,箍筋项抗力可以表示为:

$$V_s = \alpha \frac{A_{sv} f_{yv}}{s} h_0 \tag{5-1}$$

式中：α——箍筋抗剪能力的折减系数；

A_{sv}——计算截面各肢箍筋的截面面积，$A_{sv} = nA_{sv,1}$；

f_{yv}——箍筋抗剪强度设计值；

s——箍筋间距；

h_0——有效截面高度。

5.1.2.3 约束机构

节点核心区的各肢水平箍筋将会约束核心区的斜压混凝土在受压方向垂直的两个方向的膨胀，在各肢箍筋中有被动约束拉力形成，从而节点核心区各肢箍筋对斜压混凝土形成了约束机构。约束机构不会直接抵抗节点的剪力，而是通过在节点核心区出现交叉斜裂缝后限制斜压混凝土侧向变形以提高斜压混凝土的抗压能力与变形能力。随着节点周围梁柱纵筋逐渐黏结退化，桁架机构抵抗节点剪力的能力降低，在节点水平箍筋中由桁架机构引起拉应力相应地降低，各肢箍筋能够充分发挥作用。

5.1.2.4 翼缘销固作用

异形柱结构截面包括翼缘和腹板两部分。在水平剪力作用下，异形柱节点核心区与剪力方向平行的腹板承担大部分剪力，是现行《混凝土异形柱结构技术规范》(JGJ 149—2006)规定受剪承载力计算公式中的主要组成部分。在水平低周往复荷载作用下，当腹板开裂以后，垂直腹板的翼缘能够限制腹板部位裂缝的扩展延伸，约束腹板处混凝土的侧向变形，特别对于腹板与翼缘重叠区域，混凝土处在三向受力状态下，侧向变形能够得到较好的约束，达到了提高混凝土受剪承载力的目的，此时翼缘相当于销栓，制约腹板裂缝扩展，起到了很好的销固作用。这种销固作用在腹板出现斜裂缝后，异形柱节点受力后期表现得较为明显，能够显著提高节点受力后期的受剪承载力。

综上所述，随着异形柱节点梁柱纵筋黏结退化，节点核心区的桁架机构的抗剪作用逐渐退化，但斜压杆机构的抗剪作用逐渐加强，混凝土承担的斜向压力也逐渐增加。当节点的水平箍筋足量时，随着桁架机构的退化，节点的水平箍筋约束斜压混凝土的能力增强。混凝土是否发生受压破坏，一方面取决于混凝土在斜向交替拉压中的抗压能力，另一方面取决于箍筋对混凝土的约束作用。在节点受力后期，翼缘的销固作用能够限制异形柱腹板斜裂缝扩展贯通，能够有效约束节点核心区混凝土的侧向变形，间接地增强斜压杆面积以及混凝土的抗压能力，从而提高异形柱节点的抗剪能力。

5.1.3　异形柱节点设计方法

异形柱节点作为结构传力枢纽,承受梁端传来的弯矩与剪力、柱端传来的弯矩、剪力及轴力。为保证异形柱节点具有足够的延性及耗能能力,可根据"强柱弱梁""强剪弱弯""更强节点"设计思路,确保作为主要耗能部位的框架梁最先出现塑性铰。节点破坏时,梁端纵筋一般已经屈服,梁端出现具有一定转动及耗能能力的塑性铰,而节点破坏一般滞后于梁端。在进行异形柱节点受剪承载力计算时,在满足工程精度要求且具有安全储备的情况下,为简化计算,认为梁纵筋屈服,忽略混凝土抗压能力及钢筋黏结能力的影响。

取上层与下层异形柱的反弯点间柱段为脱离体,如图 5-3 所示。取受拉钢筋屈服拉力等于左右梁端受压区混凝土与受压钢筋压力的和,设内力臂为 $h_0 - a'_s$,上下柱端剪力为 V_c,左、右梁端剪力分别为 V_{bl} 与 V_{br},由对称性可得 $V_{bl} = V_{br} = V_b$。对节点核心区的对角线交点取矩,根据平衡条件可以得到:

$$f_y A_s (h_0 - a'_s) + f_y A'_s (h_0 - a'_s) + V_b h_c = V_c H_c \qquad (5\text{-}2)$$

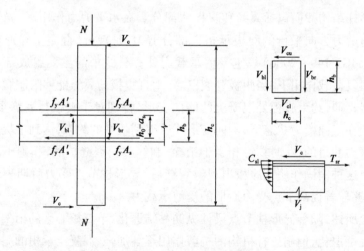

图 5-3　节点水平剪力隔离体

同时,根据图 5-3 所取的隔离单元,取 $C_{cl} = 0$,水平剪力可表示为:

$$V_j = f_y A_s + f_y A'_s - V_c \qquad (5\text{-}3)$$

根据梁端弯矩与柱端弯矩间关系 $V_b h_c = V_c h_b$,将公式(5-2)中的 V_c 代入公式(5-3),得到:

$$V_{\mathrm{j}} = f_{\mathrm{y}}A_{\mathrm{s}} + f_{\mathrm{y}}A_{\mathrm{s}}' - (f_{\mathrm{y}}A_{\mathrm{s}} + f_{\mathrm{y}}A_{\mathrm{s}}')\frac{h_0 - a_{\mathrm{s}}'}{H_{\mathrm{c}} - h_{\mathrm{b}}}$$

$$= (f_{\mathrm{y}}A_{\mathrm{s}} + f_{\mathrm{y}}A_{\mathrm{s}}')\left(1 - \frac{h_0 - a_{\mathrm{s}}'}{H_{\mathrm{c}} - h_{\mathrm{b}}}\right) \tag{5-4}$$

当考虑梁端钢筋超强系数 $\gamma \leqslant 1.25$ 时,取左梁弯矩 $M_{\mathrm{b}}^{\mathrm{l}} = \gamma f_{\mathrm{y}}A_{\mathrm{s}}(h_0 - a_{\mathrm{s}}')$,右梁端弯矩 $M_{\mathrm{b}}^{\mathrm{r}} = \gamma f_{\mathrm{y}}A_{\mathrm{s}}'(h_0 - a_{\mathrm{s}}')$,代入公式(5-4)并考虑强柱弱梁的关系,引入节点核心区剪力增大系数 η_{jb},抗震等级为二、三和四级分别取 η_{jb} 为 1.2、1.1 和 1.0,得到节点核心区剪力设计值为:

$$V_{\mathrm{j}} = \eta_{\mathrm{jb}}\frac{M_{\mathrm{b}}^{\mathrm{l}} + M_{\mathrm{b}}^{\mathrm{r}}}{h_0 - a_{\mathrm{s}}'}\left(1 - \frac{h_0 - a_{\mathrm{s}}'}{H_{\mathrm{c}} - h_{\mathrm{b}}}\right) \tag{5-5}$$

对于异形柱边节点,由于只有一侧有梁,可将公式(5-5)中的 $M_{\mathrm{b}}^{\mathrm{l}} + M_{\mathrm{b}}^{\mathrm{r}}$ 用 M_{b} 代替计算边节点核心区节点剪力。

5.2　异形柱节点受力性能分析

5.2.1　中节点受剪性能分析

根据异形柱中节点的试验数据,利用公式(5-5)计算整个试验过程中的中节点核心区的水平剪力 V_{j},式中的 $M_{\mathrm{b}}^{\mathrm{l}} + M_{\mathrm{b}}^{\mathrm{r}}$ 按异形柱中节点左、右梁端的实测荷载值与中节点左、右梁端荷载的有效长度的乘积计算,梁端转角按中节点左右梁端的竖向变形与左、右梁端变形的有效长度之比计算,绘制各异形柱中节点核心区的水平剪力—转角滞回曲线,如图5-4所示。

由中节点剪力—转角滞回曲线图可以看出,纤维增强的异形柱中节点试件在各工况下节点的剪力均大于未增强的异形柱节点的剪力,其中,节点试件 J- + 正反加载方向极限剪力平均值为 523.42kN,聚丙烯纤维增强的异形柱中节点试件 J- + a 正反加载方向极限剪力平均值为 551.55kN,钢纤维增强的异形柱中节点试件 J- + b 正反加载方向极限剪力平均值为 530.20kN,在中节点核心区浇筑钢纤维混凝土并向梁内延伸一倍的有效梁高的试件 J- + c 正反加载方向极限剪力平均值为 541.12kN,在中节点核心区浇筑钢纤维混凝土并向梁内延伸两倍的有效梁高的试件 J- + d 正反加载方向极限剪力平均值为 516.82kN。由此可见,纤维增强的异形柱节点试件(J- + d 除外)正反加载方向中节点极限剪力平均值均大于未增强的异形柱中节点试件的节点极限剪力平均值。此外,纤维增强的异形柱中节点试件在各工况下,正反加载方向节点转角的平均值均大于未增强的异形柱中节点试件的相应工况下转角的平均值。在异形柱中,在节点核心区加入纤维能够增强异形柱节点的受剪承载力。

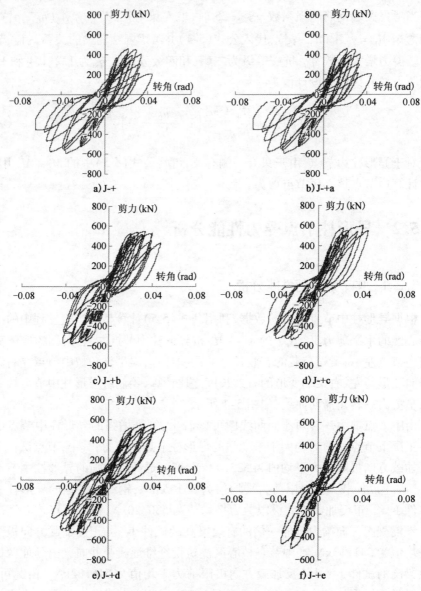

图5-4　中节点剪力—转角滞回曲线

5.2.2 边节点受剪性能分析

根据异形柱边节点的试验数据,利用公式(5-5)计算整个试验过程中的边节点核心区的水平剪力 V_j,由于边节点只有一侧有梁,故将公式中的 $M_b^l + M_b^r$ 用 M_b 替换,式中的 M_b 按异形柱边节点梁端的实测荷载值与边节点梁端荷载的有效长度的乘积计算,梁端转角按边节点梁端的竖向变形与梁端变形的有效长度之比计算,绘制各异形柱边节点核心区的水平剪力—转角滞回曲线,如图5-5所示。

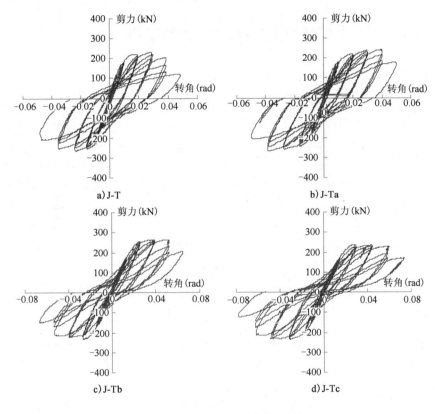

图 5-5 边节点剪力—转角滞回曲线

由边节点剪力—转角滞回曲线图可以看出,纤维增强的异形柱边节点试件在各工况下节点的剪力均大于未增强的异形柱边节点的剪力,纤维增强的异形柱边节点试件在各工况下节点的转角也均大于未增强的异形柱边节点的转角,其中,边节点试件 J-T 正反加载方向极限剪力平均值为 248.19kN,聚丙烯纤维增强的异形柱边节点试件 J-Ta 正反加载方向极限剪力平均值为 270.11kN,在边节点核心区浇筑聚丙烯纤维混凝土并向梁内延伸一倍的有效梁高的试件 J-Tb 正反加载方向极限剪力平均值为 273.66kN,在边节点核心区浇筑聚丙烯纤维混凝土并向梁内延伸两倍的有效梁高的试件 J-Tc 正反加载方向极限剪力平均值为 261.87kN。由此可见,纤维增强的异形柱边节点试件正反加载方向节点极限剪力平均值及相应的转角平均值均大于未增强的异形柱边节点试件的节点极限剪力平均值及转角平均值。在异形柱边节点核心区加入纤维能够增强异形柱节点的受剪承载力。

5.3　纤维增强异形柱节点的增强作用

纤维增强的异形柱节点试件的试验结果如表 5-1 所示。

纤维增强异形柱节点的试验结果　　　　　　　　　表 5-1

试 件 编 号	轴 压 比	V_t(kN)	位 移 延 性
J- +	0.23	525.41	3.74
J- + a	0.23	551.55	3.71
J- + b	0.23	530.20	3.45
J- + c	0.23	541.12	3.06
J- + d	0.23	516.82	3.36
J-T	0.17	248.19	4.62
J-Ta	0.17	270.11	3.97
J-Tb	0.17	273.66	4.54
J-Tc	0.17	261.87	4.56

从纤维增强异形柱节点的试验结果可以看出,纤维对异形柱节点的受剪承载力具有较显著的增强作用,与未增强的异形柱节点的受剪承载力相比,钢纤维增强的边节点的受剪承载力提高 5.5% ~10.3%,聚丙烯纤维增强的中节点(J- + d 除外)的受剪承载力提高 3.0% ~5.0%。异形柱节点的位移延性系数大于3,均能够满足抗震的要求。

由于在异形柱节点核心区加入纤维对节点进行增强,若按照《混凝土异形柱结构技术规程》(JGJ 149—2006)规定的节点受剪承载力进行计算,显然未考虑纤维的增强作用,过于保守。

5.4　本章小结

通过分析异形柱节点的受剪机理以及异形柱节点的设计方法,对比研究异形柱节点在受力机理及设计计算方法方面与矩形柱节点的差异,又对异形柱节点进行受剪性能分析以及进行纤维对异形柱节点增强效果的分析,提出纤维增强的异形柱框架节点的受剪承载力计算公式且对公式进行了验证。研究得出以下结论:

(1)与矩形柱节点存在差异的原因是由于异形柱节点翼缘的销固作用能够限制与其垂直的腹板中斜裂缝的扩展贯通,能够约束腹板混凝土的侧向变形,从而提高了异形柱节点的受剪承载力。翼缘的销固作用在异形柱节点受力后期表现得更为明显,从而显著提高异形柱节点受力后期的受剪承载力。

(2)与矩形截面梁柱节点相比,异形柱节点的受剪承载力计算要考虑异形柱的轴压比、翼缘以及截面高度的影响,分别引入影响系数,对受剪承载力进行调整。

(3)从剪力—转角滞回曲线可以看出,纤维增强的异形柱节点在各工况下节点剪力分别大于未增强的异形柱节点的剪力,纤维增强的异形柱节点的转角也大于未增强的异形柱节点的转角。

第一篇参考文献

［1］ 中华人民共和国行业标准. JGJ 149—2006 混凝土异形柱结构技术规程［S］. 北京:中国建筑工业出版社,2006.

［2］ 陈昌宏,单建,马乐为,等. 钢筋混凝土异形柱框架节点抗震性能试验［J］. 工业建筑, 2007,37(2):6-10.

［3］ 曹祖同,陈云霞,吴戈,等. 钢筋混凝土异形柱框架节点强度的研究［J］. 建筑结构,1999,(1):42-46.

［4］ 黄珏,肖建庄,葛亚杰,等. 异形柱框架节点受力性能研究进展与评述［J］. 结构工程师,2002,(1):52-57.

［5］ 熊黎黎. 异形柱框架结构顶层边节点受剪性能试验研究［D］. 南昌:南昌大学,2003.5.

［6］ 周树勋. 钢筋混凝土十字形截面柱框架顶层中节点抗震性能的有限元分析［D］. 天津:天津大学,2003.

［7］ 王文进. 钢筋混凝土异形柱框架顶层角节点抗震性能研究及非线性有限元分析［D］. 天津:天津大学,2004.

［8］ 马乐为,陈昌宏,李晓丽,等. 异形柱框架节点抗震性能试验研究［J］. 工业建筑,2006,26(4)70-73.

［9］ 王丹,刘明,黄承逵. T形柱框架节点延性及承载力的试验研究［J］. 建筑结构,2006,36(2):36-39.

［10］ 严士超,康谷贻,王依群,等. 混凝土异形柱结构技术规程理解与应用［M］. 北京:中国建筑工业出版社,2006,84-97.

［11］ Xian Rong, Jianxin Zhang, Yanyan Li. Experimental Research on Seismic Behavior of Interior Joints of Specially Shaped Columns Reinforced by Fiber［J］. Applied Mechanics and Materials. 2011, 94-96 ;551-555.

［12］ Song P S, Hwang S, Mechanical properties of high – strength steel fiber reinforced concrete［J］. Construction and Building Materials,2004(18):669-673.

［13］ 管仲国,黄承逵,张宏战,等. 钢纤维混凝土受压极限强度［J］. 建筑结构,2005,35(4):56-58.

［14］姚武,蔡江宁,吴科如,等. 钢纤维混凝土的抗弯韧性研究［J］. 混凝土,
2002（6）:31-33,30.

［15］汤寄予,高丹盈,朱海堂,等. 钢纤维对高强混凝土弯曲性能影响的试验研
究［J］. 建筑材料学报,2010.2,13（1）:85-89.

［16］彭刚,刘德富,戴会超. 钢纤维混凝土动态压缩性能及全曲线模型研究
［J］. 振动工程学报,2009.2,22（1）,99-104.

［17］刘永胜,王肖钧,金挺,等. 钢纤维混凝土力学性能和本构关系研究［J］. 中
国科学技术大学学报,2007.7,37（7）,717-723.

［18］董毓利,谢和平,李世平. 混凝土受压损伤力学本构模型的研究［J］. 工程
力学,1996.2,13（1）,44-53.

［19］高丹盈,赵柯岩,王亮. 钢纤维高强混凝土框架边节点梁的曲率延性［J］.
世界地震工程,2009.12,25（4）,80-86.

［20］李凤兰,黄承逵,温世臣,等. 低周反复荷载下钢纤维高强混凝土柱延性试
验研究［J］. 工程力学,2005,35（6）,159-164.

［21］姜睿,高轴压比钢纤维超高强混凝土短柱延性的试验研究,建筑结构学报
［J］. 2007（supp）,230-235.

［22］章文纲,程铁生. 钢纤维砼框架节点抗震性能的研究,空军工程学院学报
［J］. 1988,（2）:33-45.

［23］蒋永生,卫龙武,徐金法,等. 钢纤维高强砼框架节点性能的试验研究［J］.
东南大学学报,1991,21（2）:72-79.

［24］王宗哲,王崇昌,黄良壁,等. 钢纤维混凝土框架边节点的抗震性能［J］. 西
安冶金学院学报,1989,21（3）:25-36.

［25］郑七振,魏林. 钢纤维混凝土框架节点抗剪承载力的试验研究和机理分析
［J］. 土木工程学报,2005,38（9）:89-93.

［26］孙海燕,龚爱民,彭玉林. 聚丙烯纤维混凝土性能试验研究［J］. 云南农业
大学学报,2007,22（1）:154-158.

［27］汪洋,杨鼎宜,周明耀. 聚丙烯纤维混凝土的研究现状与趋势［J］. 混凝土,
2004,（1）:24-26,31.

［28］Chen L,Mindess S,Morgan D R. Comparative toughness testing of fiber rein-
forced concrete［J］. Testing of Fiber Reinforced Concrete,1995:41-75.

［29］卢哲安,邹尤,任志刚,等,纤维高强混凝土弯曲韧性试验研究［J］. 混凝
土,2010,（3）:5-8.

[30] HughesB. P, Fattuhi N. I, Load-deflection curves for fiber-reinforced concrete beams in flexure[J]. Magazine of Concrete Research, 1997, 101(29): 199-206.

[31] Yeol Choi, Robert L. Yuan, Experimental relationship between splitting tensile strength and compressive strength of GFRC and PFRC[J]. Cement and Concrete Research, 2005(35), 1587-1591.

[32] 朱江. 聚丙烯纤维与高强高性能混凝土[J]. 混凝土, 2000(5):49-51.

[33] 安玉杰, 赵国藩, 黄承逵. 纤维水泥增强机理的研究[J]. 水利学报, 1991(10), 55-58.

[34] 杨萌. 钢纤维高强混凝土增强、增韧机理及基于韧性的设计方法研究[J]. 大连:大连理工大学, 2006.

[35] 刘永胜. 纤维混凝土增强机理的界面力学分析[J]. 混凝土, 2008(4): 34-35.

[36] 刘新荣, 祝云华, 周丽, 等. 纤维混凝土界面应力增强机理分析[J]. 混凝土与水泥制品, 2009(1):48-50.

[37] 潘文, 刘建, 杨晓东, 等. 八度区异形柱框架结构的振动台试验研究[J]. 建筑结构学报, 2002:15-20.

[38] 王铁成, 林海, 康谷贻, 等. 钢筋混凝土异形柱框架试验及静力弹塑性分析, 天津大学学报, 2006(12):1457-1464.

[39] 李忠献. 工程结构试验理论与技术[M]. 天津:天津大学出版社, 2004, 201-206.

[40] 中华人民共和国行业标准. GB/T 228.1—2010 金属材料 拉伸试验 第1部分:室温试验方法[S]. 北京:中国标准出版社, 2011.

[41] 中华人民共和国行业标准. GB/T 50081—2002 普通混凝土力学性能试验方法标准[S]. 北京:中国建筑工业出版社, 2003.

[42] 唐九如. 钢筋混凝土框架节点抗震[H]. 南京:东南大学出版社, 1998.

[43] 中华人民共和国行业标准. JGJ 101—96 建筑抗震试验规程[S]. 北京:中国建筑工业出版社, 1997.

[44] 刁波, 李淑春, 叶英华. 往复荷载作用下混凝土异形柱结构累积损伤分析及试验研究[J]. 建筑结构学报, 2008, 29(1):57-63.

[45] Hitoshi Shiohara. New Model for Shear Failure of RC Interior Beam-Column Connections[J]. Journal of Structural Engineering, 2001(12):152-160.

［46］ A. Ghobarah, T. El – Amoury. Seismic Rehabilitation of Deficient Exterior Concrete Frame Joints［J］. Journal of Composites for Construction,2005(9): 408-416.

［47］ 盂洁平,潘文,缪升. 异形柱节点抗震性能分析［J］. 建筑结构,2005(4): 32-34.

［48］ T. 鲍雷,M. J. N 普里斯特利. 钢筋混凝土和砌体结构的抗震设计［J］. 北京:中国建筑工业出版社,1999.

第二篇

高强钢筋混凝土
异形柱试验研究

6　绪　　论

6.1　研究背景及意义

6.1.1　我国建筑用钢筋的现状

目前,我国的经济与社会发展处于战略机遇期,巨量的城镇基础设施与房屋建设规模,促进了我国钢铁行业产量与产能的快速增长。据 2011 年年底数据统计,我国钢铁产量约为 7 亿吨,占国际总产量的 44%,其中建筑用钢为 1.36 亿吨,占全国钢产量的 22% ~ 25%[1]。因此,我国每年消耗大量的钢铁原材料与能源的同时,大量的二氧化碳与工业废料随之产生,这些都对我国节能减排构成了巨大压力。

然而,我国的建筑工业技术发展相对缓慢,使建筑用钢的钢筋强度停留在较低的范围内。尽管钢管混凝土、型钢混凝土和全钢结构在高层或大跨度建筑中不断应用,但钢筋混凝土结构仍然是应用最为广泛的结构形式,而低强度钢筋的大量应用具有一些明显的缺点:增加施工难度、造成结构上的肥梁胖柱、消耗资源及能源较多,冶炼过程污染较大。

与欧美发达国家相比,我国建筑用钢筋在强度上存在一定差距。发达国家 400 ~ 600MPa 级钢筋用量已经达到 95% 以上。澳大利亚的混凝土结构多采用 500MPa 级钢筋,箍筋及架立筋采用 250MPa,其远期目标是研究并应用 800MPa 级钢筋;韩国的建筑用钢以 400MPa、500MPa 为主,大型结构与高层建筑的受弯构件已经采用了一定比例 500MPa 级钢筋;俄罗斯规范对高强钢筋也做了相关规定,СП52 - 101—2003 规定的钢筋强度等级最高为 600MPa[2-4]。

因此,我国在高速发展期间对高强度钢筋的需求日益迫切,为满足我国建筑发展需求,促进建筑业的技术进步,必须大力推广使用高强钢筋与高强混凝土,通过高强材料,实现节能减排和环境保护的要求。

6.1.2　高强钢筋的推广使用

高强钢筋的应用,在理论层面和实践层面上是可行的。从理论层面上看,钢筋与混凝土有着近似的线膨胀系数,且高强钢筋、高强混凝土与普通钢筋、普通混凝土的黏结锚固机理一致,当钢筋强度与混凝土强度同时提高时,两者仍能很好地共同工作。从实践层面上看,高强钢筋的应用可以减少钢材使用量并降低工程费用。成本相同的情况下,按强度价格计算,与 HRB335 钢筋相比较,HRB400、HRB500 钢筋的经济效益分别是 1.17 倍和 1.38 倍。高强钢筋的应用还可以减少劳动力的消耗以及其他建筑材料的消耗,如混凝土、砖石等,降低工程造价。

高强钢筋具有显著优势和推广使用前景。在确保和提高结构安全性能的前提下,高强钢筋能显著减少单位面积的钢筋用量,减轻结构自重,使梁柱截面尺寸得到合理优化,承载能力较好。高强钢筋的推广使用,不仅节约了大量的矿产资源,也大大降低了生产钢材所需能源消耗和碳的排放量,有利于国家减少工业投入和保护环境[5,6],这一举措,是一项利国利民、促进社会和谐和持续发展的重要举措。

为推动我国建筑材料的科技进步,拉近我国与西欧发达国家在建筑用钢强度的差距,新修订的混凝土规范[7]中引入了 500MPa 级热轧带肋钢筋作为主导受力钢筋,但配置 600MPa 级高强钢筋的混凝土试件是否符合该规范的应用条件,异形柱结构技术规程[8]和抗震规范[9]中相关计算公式是能否应用在该高强钢筋的混凝土异形柱中,仍需进行深入研究。

6.1.3 异形柱抗震性能研究的必要性

据统计,全世界每年发生地震约 500 万次,造成破坏损失的有上千次,七级以上造成重大破坏损失的约几十次。地震中建筑物毁坏机理的研究表明,柱塑性铰的出现以及节点的破坏是造成框架结构整体坍塌或损坏的主要原因,框架柱作为主要竖向承重构件,对抵抗地震作用具有举足轻重的作用。而异形柱相对矩形柱,其截面形状较复杂且变化较多,中和轴的位置受截面尺寸、混凝土强度及配筋率等因素的影响,具体体现在受力性能及截面延性等方面的差异,异形柱节点抗剪承载力显著低于矩形截面柱,使得异形柱的抗震性能低于矩形截面柱,而异形柱结构的问世时间不长,缺乏长期的设计经验和试验数据,故对异形柱抗震性能的研究是很有必要的。

综上所述,我国建筑用钢筋强度较西方发达国家偏低,为推进我国建筑材料的科技进步及可持续发展,将 600MPa 级钢筋应用于异形柱中并进行抗震性能分析势在必行,在现阶段,有必要通过试验对配置 600MPa 级钢筋的混凝土 T 形柱进行深入研究,为 600MPa 级钢筋的推广、配置高强钢筋的混凝土异形柱结构体系的工程应用提供理论基础,为我国相关规范的修订提供必要的参考,因此,本书的研究有着重要的理论意义和实用价值。

6.2 国内钢筋混凝土异形柱的研究现状

河北工业大学较早进行了异形柱抗震性能试验研究,曹万林教授通过对 T 形、L 形和十字形截面柱在三个不同方向进行水平反复荷载试验,分析各试件的承载力、延性及刚度。研究结果表明:T 形和 L 形柱的承载力和延性有不对称现象,随着轴压比的提高,试件承载力随之提高,而延性降低;不同加载方向对 T 形柱的耗能能力有影响[10,11];其后,又提出带暗柱的 T 形柱,进行了 4 根较小剪跨比的 T 形柱抗震性能试验,分析了轴压比对承载力、刚度、延性的影响以及设暗柱对提高 T 形柱抗震能力的作用。结果表明,暗柱可以提高 T 形柱的承载力和延性,是一种好的配筋形式,可在较大轴压比的结构底部 T 形柱中应用;带暗柱的 T 形柱塑性铰域较高,在破坏过程中,暗柱有明显的钢筋混凝土核芯束的特征[12-14]。在此基础上,提出带交叉筋异形柱的概念,通过 3 根 T 形截面短柱抗震性能的试验研究,分析比较普通 T 形短柱、带暗柱 T 形短柱和带交叉钢筋 T 形短柱的力学及抗震等性能,试验结果表明,加交叉钢筋可明显提高 T 形截面短柱的抗震性能[15]。

同济大学通过对 4 根混凝土 T 形柱和 4 根 L 形柱进行低周反复荷载试验,分析各试件的破坏特征、承载力、延性、刚度及耗能能力,并研究轴压比、截面形式、肢宽厚比对抗震性能的影响,研究结果表明,随着轴压比的增加和肢宽厚比的增大,试件的承载能力增加而延性性能变差,其中肢宽厚比对试件的承载能力和延性系数的影响最大[16]。

天津大学王依群等采用非线性分析方法对 12960 根异形柱截面的延性进行了电算分析,得到了与配箍特征值相关的异形柱的轴压比限值,然后分别从纵筋压曲和约束混凝土两方面来分析箍筋配置对异形柱延性的影响。研究结果表明,箍筋间距与纵筋直径之比是异形柱纵筋压曲的直接影响因素;体积配箍率相同时,采用较小的箍筋直径及箍筋间距比采用较大箍筋直径及箍筋间距的延性好,只有合理地确定箍筋间距、提高体积配箍率,才能有效提高柱的延性[17]。王铁成等对一榀底层为宽肢或非宽肢的两种混凝土异形柱框架进行了抗震试验研究,对比两者结构的破坏特征、承载能力、延性及滞回特性等性能。研究结果表明,底层采用宽肢异形柱可以提高底层框架柱的刚度,改善异形柱框架底层刚度薄弱的不利现象[18]。

大量研究表明,异形柱抗震性能的影响因素较多,主要有轴压比、混凝土强度、配箍率、剪跨比及荷载角等,为了提高异形柱结构的抗震性能,各研究机构积极探索新材料、新形式,以改善异形柱抗震性能,促进异形柱结构体系的完善与发展。

6.3　国外钢筋混凝土异形柱的研究概况

印度学者 L. N. Ramamurthy 和 T. A. Hafeez Kham 通过对双向偏压 L 形截面柱的试验研究与理论分析,提出与 L 形截面柱荷载作用线相关的双向偏压柱的极限承载力的计算方法,但由于 L 形截面的不规则性,使得计算困难,不适于工程设计[19]。M. Kawakami 研究了任意截面的双向偏压柱,分析了主要受力状态,给出了非对称截面柱配筋的相关曲线及最小配筋率取值[20]。美国学者 Hsu. Cheng 和 Tzu Thomas 对 L 形、T 形及槽形双向偏压柱分别进行了全过程分析,提出双向偏压柱的经验计算公式[21,22],并对 12 根双偏压 T 形柱进行了单调荷载作用试验研究,最终总结出荷载等值线和强度相关曲线,对不同截面柱提出了统一的设计方法[23]。

随着计算机技术的飞速发展,研究者的研究手段主要偏向于计算机模拟。印度学者 Mallikarjuna 和 Mahadevappa 利用计算机分析了处于偏压状态下的 L 形和 T 形截面的钢筋混凝土柱,重点研究各试件的受力性能,提出便于设计使用的图表和程序[24,25]。土耳其学者 C. Dunder 和 B. Sahin 对任意截面的双向偏压柱的极限承载力进行计算机模拟分析,编制了快速计算程序[26]。

6.4　主要研究内容

通过进行 15 根配置 HRB500 钢筋和 600MPa 钢筋的混凝土异形柱的水平低周反复荷载试验,分析试验现象及数据,对其抗震性能进行评价,探讨了轴压比和配箍特征对配置 HRB500 钢筋和 600MPa 钢筋的混凝土异形柱抗震性能的影响规律。主要研究内容如下:

(1)分析配置 HRB500 钢筋和 600MPa 钢筋的混凝土异形柱在低周反复荷载作用下的破坏过程及破坏形态、变形和裂缝开展规律。结合试验现象,研究

HRB500 钢筋和 600MPa 钢筋能否充分发挥强度优势,满足结构抗震的要求。

（2）分析配置 HRB500 钢筋和 600MPa 钢筋混凝土异形柱的承载能力、滞回特性、延性、耗能能力等,对构件的抗震性能作出综合评价。

（3）分析配箍率、轴压比和钢筋强度对配置 HRB500 钢筋和 600MPa 钢筋的混凝土异形柱受力性能以及抗震性能的影响规律。

7 高强钢筋混凝土异形柱试验概况

异形柱的截面特性与矩形截面柱有着较大差异,其抗震性能尚不明确,尤其是对配置 600MPa 级钢筋的混凝土异形柱的抗震性能方面的研究,国内尚未涉及。本书试验研究的目的是分析配置 600MPa 级钢筋的混凝土 T 形柱的抗震性能,并考察轴压比、配箍率等参数对 T 形柱抗震性能的影响。

7.1 试件设计与制作

7.1.1 试件设计

本次试验分两批进行,设计配箍率、轴压比及钢筋强度三个参数,分别按照正交设计法共设计 11 根 T 形截面柱、4 根十字形截面柱、各试件的几何尺寸均相同,混凝土设计强度等级为 C50,纵筋直径为 16mm,箍筋直径为 8mm,柱肢宽肢厚比均为 2.9,剪跨比均为 3.29,各试件参数如表 7-1 所示,试件尺寸及配筋情况如图 7-1 所示。

各试件参数表 表 7-1

试件批次	试件编号	截面尺寸 $b_f \times h \times b(h_f)$	纵筋配置	箍筋配置	配箍特征值	轴压比
第一批	ZT1	$350 \times 350 \times 125$	10 Φ 16	Φ8@60	0.234	0.18
	ZT2	$350 \times 350 \times 125$	10 Φ 16	Φ8@75	0.176	0.18
	ZT3	$350 \times 350 \times 125$	10 Φ 16	Φ8@90	0.141	0.18
	ZT4	$350 \times 350 \times 125$	10 Φ 16	Φ8@90	0.141	0.36
	Z + 1	$350 \times 350 \times 125$	12 Φ 16	Φ8@60	0.234	0.21
	Z + 2	$350 \times 350 \times 125$	12 Φ 16	Φ8@75	0.176	0.21
	Z + 3	$350 \times 350 \times 125$	12 Φ 16	Φ8@90	0.141	0.21
	Z + 4	$350 \times 350 \times 125$	12 Φ 16	Φ8@90	0.141	0.39

试件批次	试件编号	截面尺寸 $b_f \times h \times b(h_f)$	纵筋配置	箍筋配置	配箍特征值	轴压比
第二批	CT1	350×350×125	10E16	E8@60	0.304	0.24
	CT2	350×350×125	10E16	E8@90	0.203	0.24
	CT3	350×350×125	10E16	E8@120	0.152	0.24
	CT4	350×350×125	10E16	E8@90	0.203	0.19
	CT5	350×350×125	10E16	E8@90	0.203	0.29
	CT6	350×350×125	10E16	E8@90	0.203	0.34
	CT7	350×350×125	10Φ16	Φ8@90	0.135	0.24

注:E代表600MPa钢筋强度等级。

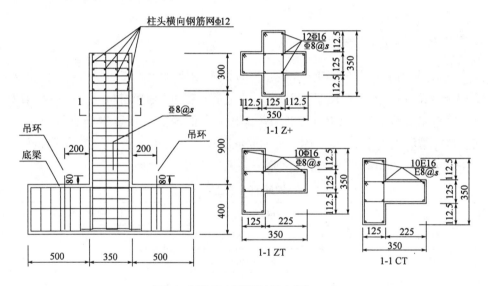

图7-1 试件尺寸及配筋(尺寸单位:mm)

7.1.2 试件制作

试验的制作主要有钢筋笼绑扎、混凝土浇筑及养护两方面内容,这些工程均在河北工业大学完成,制作具体过程大致如下:

1)混凝土浇筑前准备

(1)钢筋截断,按照设计尺寸截断钢筋,并在钢筋控制截面处的纵筋及箍筋上粘贴电阻应变片,在钢筋绑扎前做好防水及绝缘处理并对应变片编号。

（2）绑扎钢筋，先绑扎底梁钢筋再定位柱筋位置，随后对柱筋进行绑扎，由于试件尺寸较小而钢筋较多，绑扎过程中注意保护应变片。

（3）预留孔洞，在底梁安装PVC管，保证管道垂直。

2）混凝土浇筑及养护

混凝土浇筑前需要将试件躺放，浇筑过程中用振捣棒和人工振捣相结合的方式对试件进行浇筑，采用C50商品混凝土，每批混凝土预留1组150mm×150mm×150mm的立方体试块，每组3块，每批混凝土及时浇筑完毕，预留试块中标明试块的批次及编号，并与试件在同等条件下养护28d。

7.2 材料性能

7.2.1 钢筋力学性能

试验所用钢筋为600MPa级热轧带肋钢筋，钢筋直径为8mm、16mm，同批次同直径钢筋各预留3根长度为300mm的钢筋。根据《金属材料 拉伸试验 第1部分：室温试验方法》（GB/T 228.1—2010）[27]的规定对预留钢筋进行拉伸试验，热轧带肋钢筋力学性能须符合《钢筋混凝土用钢 第2部分：热轧带肋钢筋》（GB 1499.2—2007）[28]的规定，试验结果见表7-2。

钢筋的力学性能   表7-2

钢 筋 规 格	屈服强度（MPa）	极限强度（MPa）
HRB500（Φ16）	586	743
HRB500（Φ8）	520	800
600MPa（8mm）	626	—
600MPa（16mm）	640	817

7.2.2 混凝土力学性能

根据《普通混凝土力学性能试验方法标准》[29]（GB/T 50081—2002），对预留的立方体试块进行抗压强度试验，取得立方体抗压强度实测平均值。根据《混凝土结构试验方法标准》（GB/T 50152—2012）的相关公式，计算出混凝土轴心抗压强度实测平均值及弹性模量，混凝土力学性能如表7-3所示[30]。

72

混凝土力学性能   表 7-3

混凝土强度	f_{cu}（MPa）	f_c（MPa）	f_t（MPa）	E_c（MPa）
C50（第一批）	51.26	31.26	2.83	3.35
C50（第二批）	60.10	40.19	3.31	3.60

注：f_{cu}-混凝土标准立方体抗压强度；f_c-混凝土轴心抗压强度；f_t-混凝土轴心抗拉强度；E_c-混凝土弹性模量。

7.3 试验方案

7.3.1 试验装置

本次试验为低周反复荷载试验，在柱底固定的前提下对柱头施加水平低周反复荷载，试验加载装置如图 7-2 所示。

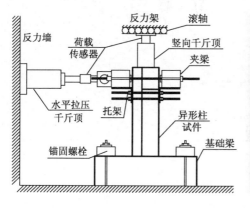

图 7-2 试验装置

试件在制作时在底梁预留锚栓孔洞，首先通过预留孔洞固定柱身，在异形柱的柱顶形心部位上方固定千斤顶，通过荷载传感器与荷载采集器相连；其次在反力架钢梁下设置滚轴，保证柱顶能够在水平方向上自由移动；最后，水平荷载是由反力墙上的伺服作动器实现，加载位置在柱头形心处。

7.3.2 加载制度

安装试件时尽可能将试件对中，其后对试件施加设计的轴向力并保持恒定，用手持应变仪测量混凝土应变。

在试验正式开始前，需对试件预加水平荷载，检查各测点及荷载的测量是否

正常,其后将各测点依次调平衡,并采用荷载—位移混合的加载制度,开始正式试验,其过程分为两个阶段:

(1)荷载控制阶段。初始荷载为30kN,级差为30kN,每级荷载循环一次,当试件钢筋屈服后进入位移控制阶段。

(2)位移控制阶段。以屈服时水平位移的整数倍进行位移加载,每级位移循环3次,直至荷载下降到最大荷载的85%,宣告试件破坏。加载制度如图7-3所示。

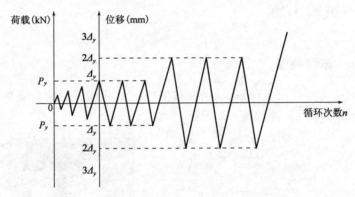

图7-3 加载制度

7.4 量测内容与方法

7.4.1 钢筋应变

为观测试件中纵筋及箍筋在试验过程中的变化规律,在柱底箍筋位置、腹板及翼缘部位粘贴钢筋应变片。为保护应变片在浇筑、养护过程中不受损坏和试验的顺利进行,应对应变片做好绝缘和防水处理,及时检测应变片质量,并将测点对应编号,混凝土浇筑前将应变片用绝缘胶、环氧树脂和纱布固定。具体各测点布置如图7-4所示。

7.4.2 荷载—变形

(1)轴压力:通过竖向千斤顶及其相连的压力传感器施加轴力,采用人工加载轴力的方式施加荷载,在试验过程中,注意轴力的变化并在加载至平衡位置时补充相应轴向力,使轴力保持基本不变。

（2）水平荷载:油压千斤顶端部与荷载传感器相连,使用 DH3818 采集传感器中的荷载值。

（3）位移:在柱顶、柱中、柱底及底梁处布置位移计,均与采集系统相连,记录位移计数值。柱顶端位移计用于记录柱顶水平位移值,柱中和柱底位移计用以测量潜在塑性铰区截面转角,底梁处位移计用于监测底座的滑移。

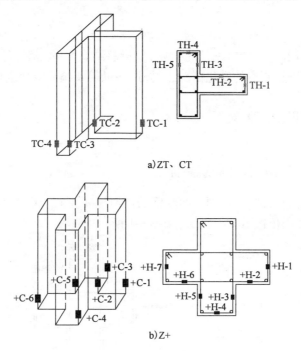

图 7-4   钢筋测点布置

7.4.3   裂缝开展

试验前,用白灰浆均匀涂刷试件表面,用记号笔画出 50mm × 50mm 的方格网,便于裂缝的描绘和观测。在试验过程中,利用手电、裂缝测量卡对裂缝进行观察和测量,及时记录裂缝开展情况、裂缝位置及宽度,并实时拍摄各阶段裂缝发展情况。

8 高强钢筋混凝土异形柱试验受力性能分析

本章通过对各试件试验现象的描述,分析总结高强钢筋混凝土异形柱的破坏特征,并结合钢筋测点的变化情况,对异形柱纵筋及箍筋应变进行探讨。

8.1 试验现象

8.1.1 第一批构件试验现象描述

为了使描述简洁清晰,对 HRB500 钢筋混凝土 T 形柱、HRB500 钢筋混凝土十形柱试件各截面依次做如下编号,如图 8-1 所示。

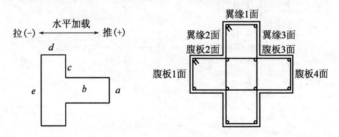

图 8-1 截面编号示意图

8.1.1.1 试件 ZT1

荷载控制阶段:在 30kN 循环荷载作用下,试件表面没有裂缝产生,加载至 50kN,a、e 面出现水平弯曲裂缝,分别向 b、d 面延伸;水平荷载在从 50kN 加载至 70kN 的过程中,a、e 面出现数条水平裂缝且分别向 b、d 面延伸,形成弯剪斜裂缝和水平弯曲裂缝,继续加载至 -80kN,b 面中部出现腹剪斜裂缝;随着荷载的增加,沿柱身高度裂缝的数量、长度、宽度不断增加,由于试件存在轻微扭转效应,e 面水平裂缝由 d、e 面相交处产生,并向两侧延伸,由柱底向柱顶,b 面斜裂缝倾角从 25° 增大为 45°;加载至 130kN,b 面最大斜裂缝宽度达 0.2mm,加载过程中出现噼啪声,正反向位移分别达到 5.5mm 和 26.5mm,采用位移控制加载。

位移控制阶段:在 $2\Delta_y$ 控制加载下,d、e 两面出现斜裂缝,并在 c 面产生反向斜裂缝,宽度 0.08mm,a、b 面柱底纵筋部位出现受压竖向裂缝,a 面柱底混凝土轻微起皮;继续加载至 $3\Delta_y$ 循环,此时反向荷载已达极限值,而正向荷载仍呈增长的趋势。此级位移第一次循环中,a 面柱底竖向裂缝断续开展,混凝土起皮并轻微剥落,b 面柱底腹剪斜裂缝有轻微掉渣现象,b 面正反两方向加载产生的斜裂缝在腹板靠近翼缘部位交叉,d 面水平裂缝延伸到 c 面形成弯剪斜裂缝,并向 b 面延伸,同时在柱中部位出现几条平行斜裂缝,d、e 面柱底混凝土起皱出现竖向裂缝;至 $4\Delta_y$ 出现噼啪声,斜裂缝的数量持续增多,斜向柱底延伸,随着循环次数的增加,裂缝长度、数量不断增加,柱底裂缝交叉呈龟裂状态,混凝土轻微鼓起并伴有小面积剥落;继续增加位移幅值至 $5\Delta_y$,腹板柱底 270mm 范围内混凝土保护层大量剥落,箍筋纵筋外露,纵筋轻微屈曲,翼缘柱底 5mm 范围内混凝土层剥落。此时,试件仍虽具有稳定的承载能力,但正反向荷载下降到极限荷载的 85%,停止试验。

试件 ZT1 最终破坏情况如图 8-2 所示。

图 8-2　ZT1 的破坏形态

8.1.1.2　试件 ZT2

荷载控制阶段:加载至 −30kN 时,a 面距柱底 7cm 处出现一条水平弯曲裂缝。荷载加至 +50kN 时,e 面出现一条水平弯曲裂缝,反向 b 面中部出现一条斜裂缝。随着荷载增大,a 面水平裂缝贯通并不断向 d 面发展,b 面中下部出现斜裂缝,a 面水平裂缝向 b 面斜向延伸为弯剪斜裂缝,沿柱身向上,水平裂缝继续开展。加载至 −90kN 时,腹板中上部出现斜裂缝,此时柱底最大水平弯曲裂缝宽度为 0.1mm。当加载至 +130kN 工况时，b 面与 c 面交界处出现大量反向斜裂缝，反向加载过程中听见噼啪声，混凝土出现少量剥落，此时水平弯曲裂缝宽度为 1.3mm，腹板斜裂缝宽度为 0.12mm，腹板纵筋受拉屈服，柱端屈服位移为 14.27mm，至此采用位移控制加载。

位移控制阶段：在 $2\Delta_y$ 控制位移下，a 面出现长约 1.2mm 的竖向裂缝，e 面靠底梁处混凝土轻微剥落并出现竖向裂缝，d 面出现斜裂缝，b、c 面斜裂缝贯通。加载至 $3\Delta_y$，b 面出现大量斜裂缝，并有部分延伸至 a 面和 c 面，柱顶出现斜裂缝。随着循环的进行，a 面柱底混凝土起鼓剥落，小范围内露出纵筋。第三次正向加载时，腹板纵筋严重屈曲，e 面柱底混凝土剥落，柱身严重倾斜，柱底两位移计退出工作。加载至 $-4\Delta_y$ 时，荷载仍呈上升趋势，由于柱身倾斜过大，腹板处柱底混凝土与底梁脱开，轴向千斤顶超出其滑动支座的行程，螺母崩出，试验终止。

纵观 ZT2 的试验过程，作为最早进行加载的试件，轴向力施加在柱端加载头的几何中心，而非形心，因此试验过程中，尤其在位移控制加载过程中，由于柱身倾斜，轴向力变化较大，表现为正向加载时柱端约束增大，轴力急剧增长，反向加载时轴力急剧变小。亦即，翼缘受压过程中，也是轴力减小的过程，腹板裂缝开展较多且快，柱根部裂缝贯通，损伤较为严重，导致剪压区面积不断减小，最终剪压区混凝土压溃，纵筋压屈。

试件 ZT2 最终破坏情况如图 8-3 所示。

图 8-3　ZT2 的破坏形态

8.1.1.3 试件 ZT3

荷载控制阶段:水平裂缝沿柱高均匀分布。在第一循环加载过程中(0~30kN),柱底翼缘正面和腹板正面均出现一条水平弯曲裂缝。随着循环荷载的增大,柱底弯曲裂缝数量逐渐增多,并分别向翼缘侧面和腹板侧面开展。荷载加至 −60kN 时,b 面出现腹剪斜裂缝,宽度 0.01mm,同时腹板正面中上部产生水平裂缝并向腹板侧面斜向发展,形成弯剪斜裂缝。第四循环加载至 90kN 后,翼缘背面水平裂缝延伸到翼缘正面,并与腹板水平裂缝形成贯通裂缝。随着荷载继续增加(100~120kN),柱中下部腹板侧面与翼缘相交处出现反向斜裂缝,同时,裂缝由柱底向上产生并开展,腹板最大斜裂缝宽度达 0.2mm。此时实行监测的 P-Δ 曲线表现出非线性现象,正反向柱顶位移分别达到 5mm 和 26mm,至此由荷载控制转为位移控制加载。

位移控制阶段:在 $2\Delta_y$ 控制位移下,翼缘侧面出现斜裂缝,腹板斜裂缝由柱底到柱顶倾角变大,正面水平裂缝达到 0.26mm,侧面边缘柱脚处出现竖向裂缝。随着位移幅值的增大,正反向加载过程中,腹板正反向斜裂缝较为规则地交叉开展。至 $3\Delta_y$,水平荷载达到极限值,腹板柱脚出现竖向裂缝,底部混凝土起皱,保护层有小面积剥落,翼缘正面出现部分微小斜裂缝;此后,随着位移幅值的增加,荷载呈下降趋势。继续加载至 $4\Delta_y$,腹板柱底混凝土保护层剥落,柱脚出现竖向裂缝。随着加载循环的增多,位移幅值的增大,试件表面形成较多的交叉裂缝,交叉汇集处裂缝宽度增大。最终破坏时,翼缘柱底混凝土压酥,露出箍筋,腹板柱底出现受压铰,混凝土被压碎,导致大面积的剥落,箍筋露出,纵筋屈曲呈灯笼状。

试件 ZT3 最终破坏情况如图 8-4 所示。

8.1.1.4 试件 ZT4

荷载控制阶段:在初始荷载(30kN)循环过程中,柱身没有出现裂缝。控制循环荷载为 −50kN 时,a、b 面出现水平裂缝,继续加载至 −70kN,b 面出现斜裂缝,宽度 0.05mm;至 +90kN,e 面出现水平裂缝并延伸至 d 面;随着循环荷载的增大,裂缝发展均匀稳定,b 面弯剪裂缝及斜裂缝倾角均较小,加载至 130kN,b 面最大斜裂缝宽度 0.2mm,荷载位移曲线表现出非线性特性,至此采用位移控制加载。

位移控制阶段:在 $2\Delta_y$ 控制位移下,c、d 面出现斜裂缝,b 面中部出现反向斜裂缝,宽度分别为 0.1mm、0.08mm、0.05mm,反向加载中,a 面柱底混凝土轻微起皮;经过两次循环后,在 $3\Delta_y$ 控制加载过程中,正向达到极限荷载,裂缝的长度、宽度稳定发展,弯剪裂缝的倾角逐渐变大,b 面正反向斜裂缝形成较为规则地交叉,b、d 面柱底出现竖向裂缝;b、c、d 面的斜裂缝宽度分别发展为 0.35mm、

0.20mm、0.15mm；继续加载至4Δ_y，反向荷载达到极值点，正向荷载略有减小，原有裂缝长度、宽度仍有所开展，a、b 面柱底混凝土保护层轻微翘起，角部混凝土小面积剥落。随着循环次数的增加，加载至5Δ_y 过程中，正向荷载衰减迅速，由于构件受到扭转效应的影响，a、b 面柱底 300mm 内混凝土保护层大面积剥落，并露出箍筋纵筋，纵筋轻微屈曲。

图 8-4　ZT3 的破坏形态

试件 ZT4 最终破坏情况如图 8-5 所示。

图 8-5　ZT4 的破坏形态

8.1.1.5 试件 Z + 1

柱顶施加恒定轴压力 350kN,在 Z + 1 的试验过程中,工况 1:正向加载(推为正)至 $P = 30$kN 时,腹板 1 面出现一条水平弯曲裂缝;工况 2:当正向加载至 $P = 50$kN 时,腹板 1 面(图 8-1)的水平裂缝延伸到腹板 2 面,卸载到 0,反向加载(拉为反)至 $P = -50$kN 时,腹板 4 面出现几条水平弯曲裂缝;工况 3:在正向加载至 $P = 70$kN 时(实际为 80kN),腹板 1 面出现新的水平弯曲裂缝并延伸到腹板 2 面;工况 4:当正向加载至 $P = 90$kN 时,腹板 2 面中部出现斜向剪切裂缝,宽度为 0.05mm,腹板 1 面的水平裂缝继续延伸,由腹板 2 面延伸到翼缘 2 面,反向加载至 $P = -90$kN 时,腹板 4 面的水平弯曲裂缝延伸至腹板 3 面,并出现多条新的水平裂缝;工况 5:在正向加载至 $P = 110$kN 时,腹板 2 面剪切斜裂缝宽度为 0.1mm,由腹板 1 面产生的水平裂缝延伸至翼缘 1 面,反向加载至 $P = -110$kN 时,腹板 3 面出现细微斜裂缝,由腹板 1 面产生的水平弯曲裂缝与腹板 4 面产生的裂缝贯通,形成贯通水平弯曲裂缝;工况 6:在正向加载至 $P = 120$kN(记为 Δ_y)时(实际为 135kN),柱顶位移为 12mm,纵向钢筋 + C-1 屈服,此时结构进入了弹塑性阶段,反向加载至 $P = -120$kN(记为 $-\Delta_y$)时(实际为 -156kN),纵向钢筋 + C-6 屈服,此时腹板 2 面斜裂缝宽度 0.15mm,从此循环开始改为位移控制。随着试验进程的发展,腹板和翼缘上的水平弯曲裂缝和剪切斜裂缝继续发展;工况 7:当正向加载至 $2\Delta_y$ 时,翼缘 1 面出现斜向剪切裂缝,宽度为 0.05mm,腹板 1 面和腹板 2 面沿纵筋出现竖向裂缝,受压区腹板根部混凝土掉渣;工况 8:在正向加载至 $3\Delta_y$ 时,在试验加载的过程中,构件发出噼啪声响,腹板 2 面的斜裂缝宽度 0.3mm,翼缘 1 面斜裂缝迅速发展,此时柱顶位移为 24mm,正向承载力达到最高点 162kN,反向 -187kN,之后曲线进入下降段;工况 9:当正向加载至 $4\Delta_y$ 时,承载力下降不多,腹板 1 面混凝土剥落,露出箍筋和纵筋;工况 11:当正向加载至 $6\Delta_y$ 时,正向荷载下降到极限荷载的 85%(即 137kN),极限位移为 48mm 时停止加载。试验结束时,腹板 1 面和腹板 4 面混凝土被压碎,纵向受力钢筋屈曲外凸,导致水平荷载下降,结构破坏。结构破坏时,腹板斜裂缝宽度并不大,总体来看,裂缝发展比较均匀。

试件 Z + 1 的破坏形态如图 8-6 所示。

8.1.1.6 试件 Z + 2

柱顶施加恒定轴压力 350kN,在 Z + 2 的试验过程中,工况 1:正向加载至 $P = 30$kN 时,腹板 1 面出现一条水平弯曲裂缝;工况 2:当正向加载至 $P = 50$kN 时,腹板 1 面出现多条水平裂缝,反向加载至 $P = -50$kN 时,腹板 4 面靠近底梁处出现 1

条水平裂缝;工况3:当正向加载至 $P=70kN$ 时,腹板2面出现一条剪切斜裂缝,宽度0.05mm,腹板1面多条水平裂缝延伸至腹板2面,反向加载至 $P=-70kN$ 时,腹板4面水平裂缝延伸至腹板3面;工况4:在正向加载至 $P=90kN$ 时,腹板2面斜裂缝宽度0.1mm,并出现多条新的斜裂缝,腹板1面的水平裂缝继续延伸到翼缘2面,反向加载至 $P=-70kN$ 时,腹板4面出现新的水平裂缝并延伸至腹板3面;工况5:在反向加载至 $P=-110kN$ 时,腹板3面中上部出现剪切斜裂缝;工况6:在正向加载至 Δ_y 时,腹板2面的斜裂缝宽度0.15mm,延伸至翼缘2面并延伸至翼缘1面,反向加载至 $-\Delta_y$ 时,腹板3面的斜裂缝宽度0.05mm,纵向钢筋屈服,此时进入位移控制;工况7:当正向加载至 $2\Delta_y$ 时,听见噼啪声,腹板3面靠近底梁处出现竖向裂缝,腹板2面斜裂缝宽度0.2mm,反向加载至 $-2\Delta_y$ 时,腹板2面靠近底梁处出现竖向裂缝,宽度为0.08mm,腹板1面柱脚处出现细微竖向裂缝,腹板3面斜裂缝延伸至翼缘3面,宽度为0.1mm,并出现新的平行斜裂缝;工况8:当正向加载至 $3\Delta_y$ 时,腹板4面柱脚处混凝土出现严重起鼓并剥落,反向加载至 $-3\Delta_y$ 时,腹板4面柱脚处混凝土局部剥落并露出箍筋;工况9:当正向加载至 $4\Delta_y$ 时,此时柱顶位移为16mm,正向承载力达到最高值148kN,反向 $-169kN$,腹板4面与3面交界处混凝土严重剥落,并露出纵筋和箍筋,纵筋轻微屈曲;工况10:当正向加载至 $5\Delta_y$ 时,正向荷载下降至极限荷载的85%时停止试验。试验结束时,腹板1面和腹板4面纵筋严重屈曲外凸,混凝土大块剥落并有少量混凝土压溃现象。结构破坏时腹板斜裂缝宽度相比 Z+1 要大。

Z+2 的破坏形态如图8-7所示。

图8-6 Z+1柱底破坏形态　　　　　　图8-7 Z+2柱底破坏形态

8.1.1.7 试件 Z+3

柱顶施加恒定轴压力350kN,在 Z+3 的试验过程中,工况1:当反向加载至 $P=-30kN$ 时,腹板4面靠近底梁处出现2条水平弯曲裂缝并延伸至3面;工况

2：当正向加载至 $P=50$kN 时，腹板 1 面出现 2 条水平裂缝；工况 3：当正向加载至 $P=70$kN 时（实际为 71kN），腹板 1 面水平裂缝延伸至腹板 2 面，出现多条新的水平裂缝并延伸至 2 面，裂缝间距为 8~9cm，腹板 2 面出现一条剪切斜裂缝，反向加载至 $P=-70$kN 时，腹板 4 面出现新的水平裂缝并延伸至 3 面，其中有两条延伸至翼缘 3 面；工况 4：当正向加载至 $P=90$kN 时，腹板 1 面的水平裂缝延伸至翼缘 2 面，反向加载至 $P=90$kN 时（实际为 98kN）时，腹板 3 面出现一条剪切斜裂缝，宽度为 0.05mm；工况 5：当正向加载至 $P=110$kN 时，腹板 2 面斜裂缝宽度为 0.05mm，同时出现多条新的斜裂缝；工况 6：当正向加载至 $P=138$kN 时，有 1 根纵向钢筋屈服，此时由弹性阶段进入弹塑性阶段，记为 Δ_y，此时腹板 2 面斜裂缝宽度 0.1mm；工况 7：当正向加载至 $2\Delta_y$ 时，听见噼啪声，腹板 3 面、4 面分别出现竖向裂缝，腹板 4 底部混凝土脱皮，腹板 2 面斜裂缝宽度 0.15mm，反向加载至 $-2\Delta_y$ 时，腹板 1 面靠近底梁处出现 1 条竖向裂缝，腹板 2 面靠近底梁处出现竖向裂缝，水平弯曲裂缝贯通；工况 8：当正向加载至 $3\Delta_y$ 时，翼缘 1 面出现数条平行斜裂缝，并迅速发展，腹板 2 面斜裂缝宽度 0.8mm，柱脚处有一块混凝土翘起，轻微掉渣，此时柱顶位移为 21mm，正向承载力达到最大值 153kN，反向加载至 $-3\Delta_y$ 时，腹板 1 面出现几条平行竖向裂缝，腹板 3 面竖向裂缝 0.7mm，柱顶位移为 22mm，反向承载力也达到最大值 -185kN；工况 9：当正向加载至 $4\Delta_y$ 时，水平承载力下降不大，但腹板 4 面和 1 面混凝土出现剥落并有少量压酥，腹板 4 面露出箍筋，柱身微倾，反向加载至 $-4\Delta_y$ 时，腹板 2 面混凝土剥落并露出箍筋，柱底混凝土较严重起鼓，$-4\Delta_y$ 第三次循环时，腹板 1 面柱脚处混凝土严重剥落并露出纵筋和箍筋；工况 10：当正向加载至 $5\Delta_y$ 时，腹板 1 面纵筋严重屈曲，正向承载力为 127kN，正向降到了极限承载力的 85%，停止试验。结构破坏时，腹板斜裂缝宽度很大且分布不均匀，纵筋屈曲外凸，柱脚混凝土严重脱落。

试件 Z+3 的破坏形态如图 8-8 所示。

图 8-8　Z+3 柱底破坏形态

8.1.1.8 试件 Z+4

柱顶施加恒定轴压力650kN,在Z+4的试验过程中,工况3:当正向加载至$P=70$kN时,腹板1面出现水平弯曲裂缝并延伸到腹板2面,反向加载至$P=-70$kN时,腹板4面出现水平裂缝并延伸到腹板3面;工况5:当正向加载至$P=110$kN时,腹板2面中下部出现斜裂缝,反向加载至$P=-110$kN时,腹板4面水平裂缝延伸至翼缘3面和1面,并形成贯通水平裂缝;工况6:在正向加载至$P=164$kN(改为位移控制,记为Δ_y)时,柱顶位移为11mm,纵向钢筋屈服,腹板2面斜裂缝宽度为0.05mm,反向加载至$-\Delta_y$时,腹板3面出现斜裂缝,宽度为0.05mm;工况7:当正向加载到$2\Delta_y$时,腹板2面斜裂缝宽度为0.2mm,腹板1面和4面出现竖向裂缝,腹板2面出现数条平行的斜裂缝,反向加载到$-2\Delta_y$时,腹板3面出现几条平行的斜裂缝,宽度0.2mm;工况8:当正向加载到$3\Delta_y$时,听见噼啪声,腹板1面混凝土起皮掉渣,腹板3面出现竖向裂缝,腹板2面斜裂缝宽度为0.3mm,反向加载至$-3\Delta_y$时,翼缘3面出现斜裂缝,宽度0.15mm,腹板3面斜裂缝宽度为0.35mm,并出现反向斜裂缝,宽度0.15mm。随着试验进程的发展,水平弯曲裂缝和剪切斜裂缝继续发展;工况9:当正向加载到$4\Delta_y$时,柱顶位移为26mm时,正向承载力达到最高点188kN,之后曲线进入下降段;工况11:当正向加载到$6\Delta_y$时,正向荷载下降到158kN,此承载力低于极限荷载值的85%,构件破坏,停止加载。试验结束时,腹板1面和腹板4面混凝土大块剥落,纵向受力钢筋受压屈曲,结构破坏。

试件Z+4的破坏形态如图8-9所示。

图8-9　Z+4柱底破坏形态

8.1.2 第一批构件破坏特征分析

各试件的变形和破坏形态基本一致,依次经历了弹性阶段、弹塑性阶段及塑性阶段,最后发生弯曲剪压破坏,破坏前各试件塑性变形发展充分,表现出较好的延性。

在弹性阶段,腹板和翼缘出现许多微小水平裂缝,随着荷载的增加,水平裂缝不断延伸扩展,并伴随着斜裂缝的出现。当钢筋屈服,滞回曲线出现残余变形,试件开始进入弹塑性阶段。裂缝宽度不断增大,数量不断增多,出现贯穿交叉裂缝,受压区混凝土呈龟裂状,剪压区不断减小,混凝土保护层不断脱落,试件达到最大承载能力,此后荷载不再增加而变形继续增加,直到纵筋屈曲、腹板柱底混凝土压碎,试件破坏。

随着轴压比增大,推迟了裂缝的产生和柱底塑性铰的出现,提高了试件的承载力,但混凝土压溃程度严重,表明轴压力对增加混凝土剪压区高度、改善集料的咬合作用、推迟裂缝的产生等有着有利影响。随着配箍特征值的减小,斜裂缝的产生较早,裂缝宽度增加,柱底混凝土压溃程度更严重,承载力也有所降低。

8.1.3 第二批构件试验现象描述

为使试验现象描述更加简洁,先对试件各观察面进行编号,如图8-10所示。

8.1.3.1 试件 CT1

荷载控制阶段:荷载达到 +30kN 时,1 面柱底出现一条水平弯曲裂缝,荷载加载至 −60kN 时,5 面柱底正面出现两条水平弯曲裂缝。随着荷载的增大,腹板弯曲裂缝数量逐渐增多,裂缝由柱底产生并分别向腹板侧面开展。荷载加载至 +90kN 时,2 面出现腹剪斜裂缝,同时 1 面中上部产生水平裂缝并向腹板侧面斜向发展,形成弯剪斜裂缝。荷载达到

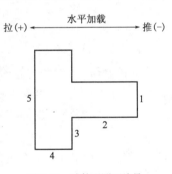

图8-10　试件观测面编号

−90kN 时,5 面水平裂缝与 4 面、3 面水平裂缝形成贯通裂缝。此时,纵筋屈服而由荷载控制转为位移控制加载。

位移控制阶段:在 Δ_y 控制位移下,2 面与 3 面相交处产生方向斜裂缝并向 2 面斜向发展,随着循环次数的增加,翼缘水平弯曲裂缝较为规则地开展,水平荷载达到极限值。加载至 $2\Delta_y$,1 面柱脚出现竖向裂缝,保护层有小面积剥落,位移幅值继续增加而荷载继续下降,2 面柱底混凝土保护层出现剥落现象。继续加载至 $3\Delta_y$,柱脚出现竖向裂缝,随着加载循环的增多,位移幅值的增大,翼缘柱底混凝土起皮,腹板柱底混凝土压碎而大面积剥落,箍筋外露,纵筋受压屈曲并呈灯笼状。

CT1 最终破坏情况如图8-11所示。

图 8-11　CT1 试件破坏形态

8.1.3.2　试件 CT2

荷载控制阶段：加载初始阶段，柱身腹板 1、2 面各出现一条横向裂缝，荷载加载至 −60kN 时，翼缘出现 3 条横向裂缝，其中 1 条延伸至 4 面；至 +90kN，3 面出现 1 条横向裂缝并延伸至 4 面；随着荷载的不断增大，裂缝发展较为稳定，加载至 +120kN，1 面的横向裂缝延伸至 2 面形成贯通裂缝，最大斜裂缝宽度为 0.35mm，至 −120kN 时，5 面出现 1 条斜向延伸裂缝并与原裂缝形成贯通，柱脚处出现竖向裂缝，5 面最大斜向裂缝为 0.25mm，荷载加载至 +150kN 时，钢筋达到屈服，此时采用位移控制加载。

位移控制阶段：在 Δ_y 控制位移下，正向加载时，2 面柱脚混凝土起皮，反向加载过程中，2 面柱身出现反向斜裂缝并与原裂缝形成交叉裂缝，2 面和 5 面的最大缝宽分别为 0.5mm、0.3mm；在 $2\Delta_y$ 控制加载过程中，反向荷载达到极限值，弯剪斜裂缝的倾角逐渐变大，1 面柱脚竖向裂缝不断出现，1 面、2 面在反向加载时柱脚混凝土出现脱落；继续加载至 $3\Delta_y$，正向达到极限荷载，柱根部腹板混凝土沿竖向裂缝开裂并大量脱落，2 面箍筋和纵筋外露。随着循环次数的增加，柱腹板外侧的纵筋突然被压断，荷载达到 $4\Delta_y$ 的过程中，正负向荷载衰减迅速，1 面柱底 460mm 范围内混凝土保护层大面积脱落，试验加载结束。

CT2 最终破坏情况如图 8-12 所示。

图 8-12　CT2 试件破坏形态

8.1.3.3　试件 CT3

荷载控制阶段:初始加载至 +30kN 时,试件 1 面和 5 面各有 1 条横向裂缝。当加载至 +60kN 时,腹板 2 面横向裂缝出现,其中 1 条与 1 面裂缝形成贯通裂缝,同时出现弯剪斜裂缝;随着试验的进行,腹板正面不断出现横向裂缝并向侧面延伸,腹板侧面斜裂缝规则性出现,加载至 -90kN 时,5 面柱底出现竖向裂缝;荷载加载至 120kN,正向加载时,2 面柱中部与翼缘相交处出现腹剪斜裂缝,柱身裂缝向 1 面、3 面延伸,1 面最大缝宽达到 0.25mm,反向加载时,翼缘横裂缝沿柱高均匀分布并延伸至 4 面,纵筋钢筋屈服,此时最大横向裂缝宽度为 0.15mm,此后改为位移控制加载。

位移控制阶段:在 Δ_y 控制位移下,2 面的斜裂缝继续斜向延伸,形成多条斜向分割裂缝,并开始出现反向斜裂缝;至 $2\Delta_y$ 控制下,正反向荷载均达到极限值,试件柱脚竖向裂缝不断涌现,并向柱身中部开展且与原裂缝交叉,腹板根部混凝土被压碎而脱落,腹板 2 面的反向斜裂缝斜向延伸并与原裂缝形成多条交叉裂缝;随着加载进行至 $3\Delta_y$,腹板柱脚混凝土沿竖向裂缝开裂并大面积脱落,翼缘根部混凝土保护层起皮并有混凝土脱落,5 面最大裂缝宽度达到 0.45mm,$3\Delta_y$ 的第二次控制循环过程中,负向荷载急剧减小;加载至 $4\Delta_y$ 时,纵筋屈曲,正负向荷载下降急剧,正反均低于极限荷载的 85%,试验结束。

CT3 最终破坏情况如图 8-13 所示。

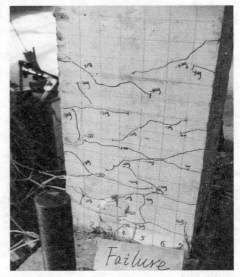

图 8-13 CT3 试件破坏形态

8.1.3.4 试件 CT4

荷载控制阶段：在 30kN 的初始加载过程中，试件没有出现明显裂缝。加载至 +60kN 时，1 面和 2 面均出现横向水平裂缝，并且 1 面的横向裂缝向 2 面延伸；在 90kN 的荷载加载过程中，2 面出现腹剪斜裂缝，中上部出现弯剪斜裂缝并向腹板侧面延伸，5 面中下部出现横向裂缝，柱底出现竖向裂缝并向柱中部延伸，与横向裂缝形成交叉裂缝，1 面、2 面和 5 面的最大裂缝宽度分别为 0.5mm、0.55mm 及 0.2mm。

位移控制阶段：Δ_y 控制位移下，负向水平荷载达到极限值，腹板 2 面出现反向斜裂缝，横向裂缝向腹板侧面及翼缘侧面不断延伸，最大水平裂缝达到 0.55mm，翼缘 5 面横向裂缝沿柱身均匀分布，并延伸至翼缘侧面，竖向裂缝不断向上部开展且与横向裂缝不断交叉，最大缝宽为 0.2mm；加载进行至 2Δ_y，腹板正反向斜裂缝较为规则地交叉开展，3 面出现横向裂缝并向 4 面延伸，该位移控制下的第二个循环时，1 面柱脚混凝土脱落，第三个循环时 1 面柱脚混凝土继续脱落，露出箍筋；循环过程中，负向荷载呈下降趋势，而正向荷载继续增加，至 3Δ_y 控制位移时，正向荷载达到极限值，腹板柱脚混凝土脱落严重，1 面柱脚露出纵筋；继续加载至 4Δ_y，试件表面交叉裂缝很多，裂缝宽度增加较快，正反向荷载急剧下降至极限荷载的 85%，试件破坏。

CT4 最终破坏情况如图 8-14 所示。

图 8-14　CT4 试件破坏形态

8.1.3.5　试件 CT5

荷载控制阶段:荷载加载至 +60kN 时,1 面柱脚出现 2 条横向裂缝,其中 1 条横向延伸至 2 面。加载至 +90kN 时,1 面中上部出现水平裂缝并延伸至 2 面形成弯剪斜裂缝,2 面出现水平弯曲裂缝,5 面开裂,出现横向裂缝并有 1 条裂缝延伸至 4 面;随着荷载的增加,2 面弯剪斜裂缝不断增加和开展,并向翼缘侧面延伸,加载至 +120kN,2 面出现腹剪斜裂缝,柱脚裂缝向上开展并与原横向裂缝形成交叉。

位移控制阶段:在 Δ_y 控制位移下,正向加载时,腹板裂缝不断向翼缘侧面延伸,反向加载时,2 面柱脚处出现竖向裂缝,4 面横向裂缝向 5 面延伸,5 面横向裂缝向翼缘侧面延伸,新出现的横向裂缝与原裂缝有交叉,5 面的最大裂缝宽度为 0.25mm;在 $2\Delta_y$ 控制位移下,正负向荷载均达到极限值,1 面横向裂缝继续向 2 面延伸,2 面和 3 面的斜裂缝不断向翼缘侧面延伸,裂缝宽度增大,1 面的最大横向裂缝宽度为 1.7mm,5 面最大裂缝宽度为 0.35mm,腹板柱脚混凝土沿竖向裂缝起皮,随着循环加载的进行,1 面和 2 面柱脚混凝土脱落;至 $3\Delta_y$,正向加载时,2 面柱底竖向裂缝向柱中部延伸并与原裂缝多次交叉,3 面横向裂缝延伸且与原裂缝形成多条交叉裂缝,腹板柱脚处混凝土大块脱落,负向加载时,翼缘正面和侧面的竖向裂缝向柱中部开展并与原裂缝形成交叉,腹板柱脚纵筋外露。位移幅值增加至 $4\Delta_y$ 时,纵筋受压屈曲并突然断裂,正负向荷载剧烈下降,腹板混凝土剥落长度达到 430mm,至此试验结束。

CT5 最终破坏情况如图 8-15 所示。

图 8-15 CT5 试件破坏形态

8.1.3.6 试件 CT6

荷载控制阶段:初始荷载加载阶段,试件表面没有裂缝产生。90kN 荷载控制阶段,正向加载的 2 面柱脚出现 1 条横向裂缝,负向加载时 5 面开裂并出现 3 条横向裂缝。加载至 120kN 时,腹板开裂,1 面水平裂缝产生并延伸至 2 面形成弯剪斜裂缝,2 面和 5 面中上部均出现多条横向裂缝,翼缘正面裂缝向侧面延伸;加载至 150kN,1 面横向裂缝延伸至 2 面并与 2 面横向裂缝贯通,2 面出现腹剪斜裂缝并向 3 面延伸,1 面、2 面的最大裂缝宽度均为 0.2mm,5 面横向裂缝沿柱身均匀分布并向翼缘侧面开展,最大裂缝宽度达到 0.08mm,荷载控制阶段结束时正负向位移分别为 14mm 和 11mm。

位移控制阶段:初始 Δ_y 控制过程中,负向荷载达到极限荷载值,1 面柱底出现 2 条竖向裂缝,2 面出现斜裂缝,原有斜裂缝不断斜向延伸,5 面横向裂缝向翼缘侧面延伸,1 面和 5 面最大裂缝宽度分别为 0.65mm 和 0.15mm;加载至 $2\Delta_y$,腹板柱脚底部细小竖向裂缝不断出现,1 面柱脚混凝土沿竖向裂缝起皮掉渣,2 面的反向斜裂缝数量和宽度增加,4 面的横向裂缝与 3 面形成贯通裂缝,5 面的竖向裂缝与原横向裂缝多次交叉,腹板柱脚处混凝土脱落,1 面和 5 面的最大裂缝宽度分别为 0.35mm、0.55mm;位移控制循环加载过程中,腹板斜裂缝数量增加,交叉裂缝数量增多且宽度增大,达到 $3\Delta_y$ 正向加载时,腹板柱脚处混凝土脱落严重,纵筋和箍筋露出,正向荷载达到极限值,负向加载时,腹板柱脚纵筋外曲呈灯笼状,5 面柱脚混凝土开始脱落;至 $4\Delta_y$ 时,正向荷载衰减迅速,负向荷载衰减较为平缓但均下降到极限荷载的 85% ,试验结束。

CT6 最终破坏情况如图 8-16 所示。

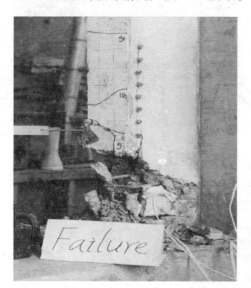

图 8-16　CT6 试件破坏形态

8.1.3.7　试件 CT7

荷载控制阶段:初始荷载 +30kN 时,3 面首先出现 2 条斜向裂缝。加载至 60kN 时,1 面柱根部出现 1 条横向裂缝,5 面柱身中下部出现 3 条横向裂缝并有 1 条延伸至 4 面;至 90kN 时,1 面出现横向裂缝,2 面同时出现腹剪斜裂缝和弯剪斜裂缝,5 面的横向裂缝向 4 面延伸,至此钢筋屈服。

位移控制阶段:在 $2\Delta_y$ 控制位移下,反向荷载达到极限值,1 面柱底竖向裂缝向上延伸并与原横向裂缝交叉,原横向裂缝继续向 2 面延伸并与 2 面横向裂缝形成贯通裂缝,柱脚混凝土保护层起皮,3 面的横向裂缝向翼缘侧面和腹板侧面延伸并与其横向裂缝形成贯通裂缝,1 面、2 面和 5 面的最大裂缝宽度分别为 1.3mm、1.1mm 和 0.8mm;加载至 $3\Delta_y$,正向达到极限荷载,腹板柱脚的竖向裂缝向上延伸,裂缝的长度、宽度稳定发展,1 面、2 面柱脚混凝土均有沿竖向裂缝脱落的现象,3 面和 4 面的横向裂缝多有贯通,最大裂缝宽度分别为 0.3mm 和 0.55mm。加载至 $4\Delta_y$,反向荷载衰减迅速,1 面和 2 面柱底375mm 内混凝土大块脱落,试验终止。

CT7 最终破坏情况如图 8-17 所示。

图 8-17　CT7 试件破坏形态

8.1.4　第二批构件破坏特征分析

由各试件的试验现象,可以归纳总结出配置 600MPa 级钢筋的混凝土 T 形柱破坏的几点特征:

(1)从裂缝的发展情况来看,各试件裂缝出现的起始位置、裂缝走向基本一致,表现出共同特点:各试件斜裂缝起源于腹板两侧并在腹板侧面延伸分布,而斜裂缝延伸到翼缘与腹板交界处后,由于翼缘的有利作用,裂缝转而沿腹板与翼缘交界处纵向发展,由此也证明了 T 形柱的翼缘对腹板有约束作用。腹板受压时,翼缘正面和侧面在加载初期仅出现水平弯曲裂缝并均匀分布,到加载后期时,翼缘柱底开始出现竖向裂缝及少量次斜裂缝。翼缘和腹板交界处产生的撕裂裂缝在加载过程中不断向腹板斜向延伸,并与腹板原有斜裂缝形成规则的交叉。试件破坏时,腹板斜裂缝宽度均匀发展,随位移幅值的增大及反复加载次数的增多,试件承载力迅速下降,交叉裂缝使混凝土呈龟裂状,腹板柱脚混凝土脱落并压碎。

(2)轴压比较大的试件裂缝出现的相对较晚,柱底塑性铰延迟出现,斜裂缝的倾角较小,但试件破坏时混凝土压碎得更为严重。这是因为轴压力的增大改善了集料的咬合作用,推迟了裂缝的产生。而箍筋间距不同的试件,随箍筋间距的增大,斜裂缝出现较早,但裂缝数量较少而裂缝宽度较大,柱底混凝土压溃现象较为严重。

(3)各试件的最终破坏均发生弯曲剪压破坏,塑性变形发展较为充分,柱的塑性铰区域主要发生在腹板柱底向上 230～370mm 范围内。

8.2 钢筋应变分析

8.2.1 纵筋应变

以标准试件 CT2 为例,纵筋各位置水平荷载与纵筋应变关系曲线如图 8-18 所示。

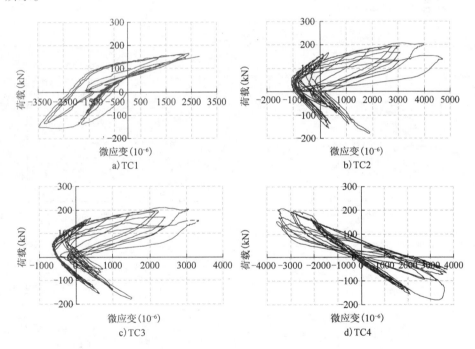

图 8-18 试件 CT2 的水平荷载—纵筋应变曲线

对照应变片位置图 7-4 和 CT2 试件水平荷载—纵筋应变关系图 8-18 可知:

(1)在轴力作用下,各钢筋应变片出现不同程度的受压状态。在反复荷载作用下,钢筋应变片均出现不同程度受压和受拉状态的交替。

（2）位于腹板端部的纵筋应变片 TC1 在加载初期,应变的变化幅度较小,随水平荷载不断增大,试件裂缝开展加快,钢筋应变开始快速增长,纵筋受拉屈服后,应变变化幅度显著增大,由于轴力作用,减小了拉应变幅值,使得纵筋受压屈服早于受拉屈服;正向加载时腹板纵筋产生不可恢复的塑性压屈变形,并随着荷载的增加而不断累积,最终导致腹板纵筋屈曲。位于翼缘外侧的纵筋应变片 TC4,相对 TC1 则表现出较好的正负向对称性,由于翼缘混凝土承受压应力的有利作用,使得纵筋塑性变形主要为拉屈变形,TC1 和 TC4 应变都达到受压屈服,说明 600MPa 级钢筋在 T 形柱中翼缘外侧和腹板外侧的抗压强度能较好地发挥作用。

（3）位于翼缘内侧的钢筋应变片 TC2 和 TC3,在正负向加载过程中主要处于受拉状态,在正向加载过程中,钢筋受拉屈服较为迅速。

8.2.2　箍筋应变

水平荷载—箍筋应变关系曲线如图 8-19 所示。

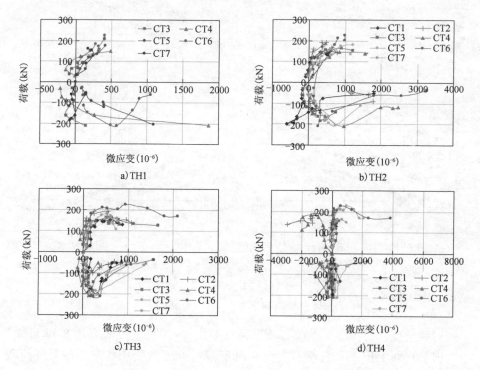

图　8-19

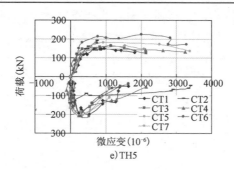

图 8-19　水平荷载—箍筋应变曲线

对照应变片位置图 8-4 和各试件图 8-19 可知：

（1）正负向荷载在 200kN 范围内变化时，各箍筋的应变均较小，此时剪力主要由混凝土承担，箍筋在初始弹性阶段还没有发挥作用，随着斜裂缝的出现及开展，箍筋开始承担剪力作用，箍筋应变增长较快。高轴压比的试件 CT6，其位于腹板侧面的 TH2 和翼缘正面的 TH5 在加载后期均达到屈服应变，试件 CT4 和 CT5 中，位于翼缘正面的 TH5 在加载后期达到屈服应变，其余试件箍筋在加载过程中未屈服。

（2）在反复加载过程中，箍筋基本一直处于受拉状态，随荷载的增加和反复作用，箍筋拉应变逐渐增加，当应变值不大时，箍筋基本处于弹性工作状态，荷载一旦卸载，箍筋变形能够回缩，加载到一定程度后，箍筋应变增加迅速，产生较大塑性变形。

8.3　本章小结

通过对配置高强钢筋混凝土异形柱进行低周反复荷载试验，本章分析了各试件的破坏过程和裂缝开展规律，并对箍筋和纵筋的应变进行分析，主要得到如下结论：

（1）各试件裂缝出现的起始位置和裂缝走向基本一致，试件破坏具有一定共性：裂缝起源于腹板并斜向延伸，到翼缘与腹板交界处时，裂缝转而沿腹板与翼缘交界处纵向发展。试件破坏时，腹板斜裂缝宽度均匀发展，随位移幅值的增大及反复加载次数的增多，试件承载力下降迅速，交叉裂缝使混凝土呈龟裂状，腹板柱脚混凝土脱落并压碎。

（2）轴压比较大的试件，其裂缝和柱底塑性铰出现相对较晚，试件破坏时混凝土压碎更为严重。随着箍筋间距的增大，斜裂缝出现得较早，但裂缝数量较少而裂缝宽度较大,柱底混凝土压溃现象较为严重。

(3)在 T 形柱中翼缘外侧和腹板外侧位置的纵筋,采用 600MPa 级钢筋,其抗压强度能较好地发挥作用,纵筋受拉均能达到屈服。在反复加载过程中,箍筋基本一直处于受拉状态,除个别试件外,其余试件箍筋强度均未达到屈服。

(4)配置 HRB500、600MPa 级钢筋与混凝土能够很好地协同工作,所有试件均发生弯曲破坏,说明配置 HRB500 、600MPa 级钢筋的混凝土异形柱在合理配筋的情况下,能够发生延性较好的弯曲型破坏,其抗震性能良好。

9 高强钢筋混凝土异形柱抗震性能分析

为研究高强钢筋应用于异形柱结构体系的可行性,在试验的基础上,对各试件承载力、延性、滞回曲线、骨架曲线、刚度退化及耗能性能进行研究,综合评估其抗震性能。

9.1 承载力、位移及延性系数

所有试件在经历开裂、屈服、极限和破坏时所对应的荷载、位移及综合延性系数见表9-1。其中,开裂荷载为试件出现第一条斜裂缝时的荷载值;屈服荷载采用等面积法确定,具体方法见第一篇。极限荷载是试件达到最大承载力所对应的荷载值;破坏荷载按照极限荷载的85%确定。

各试件承载力、位移及延性   表 9-1

试件	加载方向	荷载（kN）			位移（mm）			位移延性系数
		开裂	屈服	极限	屈服	极限	破坏	
ZT1	正向	91.00	205.90	234.20	12.82	26.70	32.20	2.51
	反向	88.60	135.00	159.70	12.64	28.30	44.98	3.56
	平均	89.80	170.45	196.95	12.73	27.50	38.59	3.03
ZT2	正向	112.10	154.20	181.40	12.61	20.56	25.44	2.02
	反向	87.60	123.40	141.40	12.02	20.97	49.12	4.09
	平均	99.85	138.80	161.40	12.32	20.77	37.28	3.03
ZT3	正向	109.00	186.90	210.34	11.91	23.38	28.52	2.39
	反向	58.30	140.92	171.38	11.35	22.51	41.29	3.64
	平均	83.65	163.91	190.86	11.63	22.95	34.91	3.00
ZT4	正向	86.67	219.92	258.60	10.11	21.38	27.81	2.75
	反向	69.30	126.67	152.07	10.42	20.50	33.65	3.23
	平均	77.99	173.30	205.34	10.27	20.94	30.73	2.99

试件	加载方向	荷载(kN)			位移(mm)			位移延性系数
		开裂	屈服	极限	屈服	极限	破坏	
Z+1	正向	80.35	135.22	161.72	11.68	24.17	47.89	4.10
	反向	109.66	155.75	187.24	13.34	23.65	47.36	3.55
	平均	95.01	145.49	174.48	12.51	23.91	47.62	3.81
Z+2	正向	70.00	119.39	147.93	11.77	32.42	41.08	3.49
	反向	109.89	156.70	168.62	13.56	24.77	35.80	2.64
	平均	89.95	138.05	158.28	12.67	28.60	38.44	3.03
Z+3	正向	71.03	138.05	153.10	11.42	22.56	36.41	3.19
	反向	98.28	142.81	185.17	11.23	22.16	34.50	3.07
	平均	84.66	138.52	169.14	11.33	22.36	35.46	3.13
Z+4	正向	110.35	115.52	187.59	11.04	25.74	30.49	2.76
	反向	109.31	129.31	180.69	8.94	19.46	32.68	3.66
	平均	109.83	122.42	184.14	9.99	22.60	31.59	3.16
CT1	正向	28.00	125.01	151.68	15.78	37.65	48.90	3.10
	反向	57.00	161.71	198.38	9.15	25.49	28.11	3.07
	平均	42.50	143.36	175.03	12.47	31.57	38.51	3.09
CT2	正向	25.00	176.09	207.16	13.34	38.39	45.54	3.41
	反向	47.10	148.11	178.37	11.27	24.10	29.33	2.60
	平均	36.05	162.10	192.77	12.31	31.24	37.44	3.01
CT3	正向	29.00	145.51	164.32	13.20	37.15	44.51	3.37
	反向	29.50	181.01	212.08	13.67	21.72	25.18	1.84
	平均	29.25	163.26	188.20	13.44	29.44	34.85	2.61
CT4	正向	52.00	135.19	161.16	15.34	40.00	53.13	3.46
	反向	75.00	172.05	208.57	10.82	26.31	27.41	2.53
	平均	63.50	153.62	184.86	13.08	33.15	40.27	3.00
CT5	正向	57.00	151.97	182.93	17.88	36.94	44.53	2.49
	反向	81.20	163.30	204.35	6.40	19.29	22.32	3.49
	平均	69.10	157.64	193.64	12.14	28.11	33.43	2.99

续上表

试件	加载方向	荷载（kN）			位移（mm）			位移延性系数
		开裂	屈服	极限	屈服	极限	破坏	
CT6	正向	83.20	191.92	226.12	19.37	38.95	42.98	2.22
	反向	86.14	170.73	211.73	6.82	23.01	23.44	3.44
	平均	84.67	181.33	218.92	13.10	30.98	33.21	2.83
CT7	正向	27.41	140.10	162.57	15.99	45.26	45.26	2.83
	反向	55.32	156.60	186.45	7.66	16.51	26.67	3.48
	平均	41.37	148.35	174.51	11.83	30.89	35.97	3.16

9.1.1　配箍率的影响

（1）随着配箍特征值的增加，配置 HRB500 钢筋的十形柱的开裂荷载平均值逐渐提高，ZT1 的开裂荷载平均值比 ZT3 提高 7.4%，ZT2 的开裂荷载平均值比 ZT3 提高 19.4%。表明加密箍筋可以延缓配置 HRB500 钢筋的异形柱试件斜裂缝的产生。同时，配箍特征值大的试件，一般试件的极限位移和破坏位移也大，表明增大配箍特征值增加了配置 HRB500 钢筋的异形柱试件的变形能力。

（2）试件 CT1、CT2、CT3 的极限承载力平均值分别为 175.03kN、192.77kN、188.20kN，箍筋间距对极限承载力的影响不明显，在三个试件中，箍筋间距为 90mm 的 CT2 试件的极限承载力最高。

（3）试件 CT1 和 CT2 较 CT3 的平均破坏位移分别提高 10.5% 和 7.43%，表明加密箍筋可以增强核心混凝土抵抗横向变形的能力。

（4）试件 CT3 和试件 CT2 相对试件 CT1 的平均延性系数分别降低 15.5%、2.3%，说明增大箍筋间距，在一定范围内可以降低配置 600MPa 钢筋 T 形柱的位移延性。这是因为箍筋能够约束混凝土变形，使受压区混凝土处于三向受压状态，提高其单向受压强度，减慢混凝土裂缝开展，使混凝土破坏速度降低，改善异形柱的延性性能；对于配置 600MPa 钢筋 T 形截面柱，加密箍筋对提高反向加载时的延性效果更加明显，原因在于，反向加载时，腹板受压面积较小，箍筋对混凝土的约束作用更加显著，其箍筋间距的减小对延性的影响更大。

9.1.2　轴压比的影响

（1）随着轴压比的增大，正反向加载时开裂荷载的非对称性减小，配置

HRB500 钢筋的十字形和 T 形柱的极限荷载平均值均增加约 15kN,试件的承载能力提高;试件的屈服位移和破坏位移减小,试件的变形能力降低。

(2)对比轴压比不同的试件 CT4、CT5 和 CT6,CT5 和 CT6 试件相对 CT4,其极限荷载分别提高 4.7% 和 18.4%,CT4、CT5 和 CT6 试件的反向极限荷载相对正向极限荷载的提高率分别为 29.4%、10.5% 和 - 6.4%,说明提高轴压比可以提高配置 600MPa 钢筋 T 形柱试件极限承载能力,同时减小配置 600MPa 钢筋 T 形截面柱承载能力的不对称性。主要原因为,所有试件均是弯曲破坏,最终破坏均是由于受压区混凝土的压碎。增大轴压比有两方面作用:一方面是增大截面压应力,加重混凝土受压区负担;另一方面,提高轴压力可以提高受压区混凝土中和轴位置,同时增大受压区混凝土摩阻力,改善集料咬合作用,提高纵筋销栓作用。在所有试件中,这两个作用相互叠加,提高试件承载力为最终相互作用的结果。其中,在负向加载过程中,增大轴压比以加重腹板受压区混凝土负担为主导,因此可以减小试件正负向承载力的不对称性。

(3)试件 CT6、CT5 与 CT4 相比,其破坏位移平均值分别降低 17.5% 和 17.0%,增大轴压比对配置 600MPa 钢筋 T 形柱破坏位移的影响程度不等,其效果不显著。

(4)试件 CT6、CT5 与 CT4 相比,平均延性系数分别降低 5.7% 和 0.3%,因此增大轴压比可以降低配置 600MPa 钢筋 T 形截面试件的位移延性。

9.1.3 钢筋强度的影响

配置 600MPa 级钢筋的混凝土试件 CT2 相对配置 HRB500 钢筋的混凝土试件 CT7 在极限承载力均值、破坏位移均值上均有所提高,分别提高 10.5%、4.1%,但延性系数平均值降低 4.7%,说明配置 600MPa 级钢筋的混凝土 T 形柱拥有较高承载能力和良好的变形能力,但配置 HRB500 的混凝土柱表现出更好的延性性能。

9.2 滞回曲线

试验中各试件滞回曲线如图 9-1 所示。

总体来看,在加载初期,滞回环面积很小,呈梭形;试件开裂以后,滞回环面积变大,出现残余变形;在纵筋屈服后,滞回环面积继续增大,发展成弓形,刚度退化加快;随着荷载的继续增加,滞回环逐渐过渡到 S 形;最后试件的强度和刚度骤降,试件破坏。

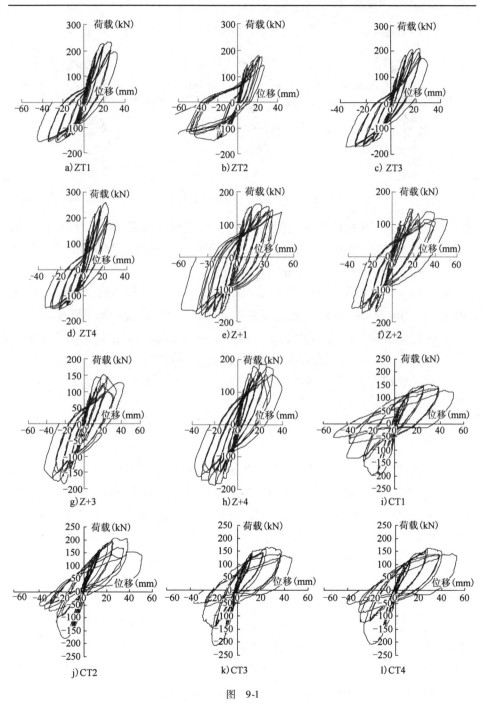

图 9-1

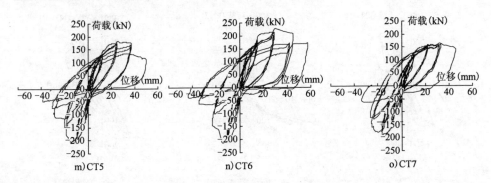

图 9-1　水平荷载—柱顶位移滞回曲线

对于第一批配置 HRB500 钢筋的混凝土异形柱,在加载初期,所有试件正反向的滞回曲线基本对称;加载后期,配置 HRB500 钢筋的十形试件的滞回曲线对称性较好,配置 HRB500 钢筋的 T 形试件的滞回曲线在正反向呈现不对称的特点,这种不对称性主要表现在滞回环形状和极限承载。增大配箍特征值可增加配置 HRB500 钢筋的异形柱试件滞回曲线的饱满程度,增加配置 HRB500 钢筋的异形柱试件的变形能力,有利于结构抗震。随着轴压比的增大,配置 HRB500 钢筋的异形柱试件的后期变形能力变小,极限承载力下降加快。

以第二批构件为例,分别分析配箍率、轴压比和钢筋强度对滞回曲线的影响。

9.2.1　配箍率的影响

对比箍筋间距不同的试件 CT1、CT2 及 CT3 可以发现,CT1 的滞回曲线最饱满,CT3 次之,CT2 最差,CT1 试件裂缝宽度较小且滞回曲线下降段较为平缓,变形也较大,因此,加密箍筋可以提高配置 600MPa 钢筋的异形柱试件滞回曲线的饱满程度。其原因在于,减小箍筋间距,箍筋约束混凝土效果增强,使混凝土充分发挥其塑性,增大滞回环的面积。

9.2.2　轴压比的影响

对比配箍率相同而轴压比不同的试件 CT4、CT5 和 CT6 可以发现,配置 600MPa 钢筋的异形柱各试件的滞回曲线呈现不对称现象,增大一定轴压比可以缓解不对称现象,其中 CT5 的正负向曲线最接近于对称。轴压比较大的试件,极限承载力较大,但经历极限荷载后承载力下降较快。

9.2.3 钢筋强度的影响

配置 HRB500 的混凝土 T 形柱试件 CT7 相对配置 600MPa 钢筋的试件 CT2 的滞回曲线更加饱满,滞回曲线下降段更加平缓,滞回曲线所表现的刚度较小,但极限承载力及破坏位移较小。

9.3 骨架曲线

将滞回曲线中每级循环的峰值点连接起来形成的曲线称为骨架曲线,该曲线能够直观反映试件在地震作用下的承载力及变形情况。第二批各试件的骨架曲线如图 9-2 所示。

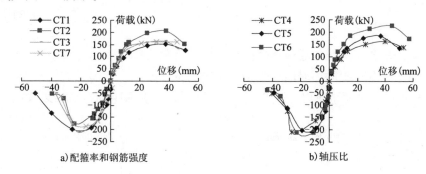

a)配箍率和钢筋强度　　　　　　　　b)轴压比

图 9-2　各试件骨架曲线

通过对比各 T 形柱的骨架曲线特性,能够总结出以下特点:

(1)所有 T 形截面柱的骨架曲线同样呈现程度不等的不对称性。

(2)试件骨架曲线在加载初期与加载后期具有不同的规律。加载前期,各试件骨架曲线相近,重合较多,试件刚度稳定,处于弹性阶段。随着试验的继续进行,各 T 形柱的变形速率不同,导致骨架曲线逐渐分离,正向加载时骨架曲线分离现象较为明显,此时各试件刚度减小,骨架曲线斜率减小。加载后期,各试件强度和刚度退化现象显著,在破坏阶段,负向加载时荷载下降得较为迅速。

(3)对比配箍率不同的试件可以发现,箍筋间距最小的试件 CT1 在经历极限荷载后,刚度退化最为平缓。加载初期,各试件抗侧移刚度基本相同,而在弹塑性加载过程中,配箍率的不同导致对混凝土约束效果出现差异,对负向加载时的影响效果更加突出,因此箍筋加密可以有效缓解 T 形柱的刚度退化现象。

(4)对比轴压比不同的试件可以发现,随着轴压比的提高,骨架曲线趋于对称,极限承载力提高,但后期加载时,荷载下降较陡,下降段较短,相同荷载下位移较小。

（5）对比 CT2 和 CT7 试件，配有 600MPa 级钢筋的试件 CT2 较配有 HRB500 钢筋的试件 CT7 具有更高的承载力，CT2 试件负向加载时荷载下降的也较为缓慢。

9.4　刚度退化

异形柱在反复荷载作用下，随位移和循环次数的增加，其裂缝数量增加，塑性变形持续累积，使异形柱强度逐渐降低而变形增大的现象称为刚度退化[31]。本书采用等效刚度来表征试件刚度退化特性，具体计算方法如式（9-1）所示：

$$K_i = \frac{F_i}{\Delta_i} \tag{9-1}$$

式中：F_i——第 i 次循环滞回环峰值点对应的荷载值；

Δ_i——第 i 次循环滞回环峰值点对应的位移值。

根据试验数据按照公式（9-1）计算得到各试件刚度退化曲线，如图 9-3 所示。

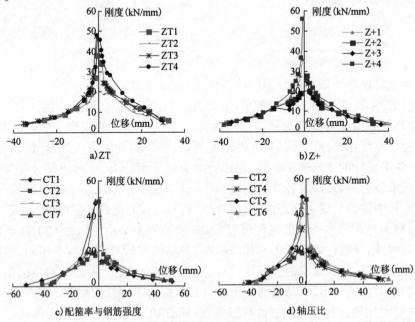

图9-3　各试件刚度退化曲线

对于第一批试验构件:配置 HRB500 钢筋的异形柱试件屈服前刚度退化较快,随着加载进行,刚度退化逐渐变缓,后期刚度逐渐稳定。Z+3 试件的初始刚度正、反方向分别为 25kN/mm 和 19kN/mm,Z+4 试件的初始刚度正、反方向分别为 28kN/mm 和 56kN/mm,ZT3 试件的初始刚度正、反方向分别为 24kN/mm 和 47kN/mm,ZT4 试件的初始刚度正、反方向分别为 46kN/mm 和 48kN/mm。加载初期,试件的正反向加载产生的刚度退化曲线不对称,正向加载的初始刚度小于反向加载时的初始刚度(Z+3 除外),主要原因是初始加载造成反向的刚度先损伤,损伤累积导致刚度不对称,同时钢材的包辛格效应也导致刚度退化的不对称。但随着加载的进行,结构的正、反向刚度逐渐接近。轴压比大的配置 HRB500 钢筋的异形柱试件,试件的初始刚度也较大,但刚度退化较快。配箍特征值对配置 HRB500 钢筋的异形柱刚度退化影响效果不显著。

对于第二批试验构件:各试件正负向的初始侧移刚度及刚度衰减速率存在一定差异,由于异形柱的 T 形截面尺寸不对称导致试件刚度退化曲线存在不对称现象。随着加载的进行,裂缝开展与闭合引起的截面削弱及钢筋混凝土之间的锚固滑移作用,使试件正负向刚度趋于一致。随着轴压比的提高,试件负向初始刚度不断提高,而正向刚度曲线较为一致且轴压比大的试件正向刚度也较大,说明轴压比可以提高试件整体刚度。配置 600MPa 级钢筋的 CT2 较配有 HRB500 钢筋的 CT7 试件,刚度出现缓降时位移较小,说明配有 600MPa 级钢筋的试件后期抗震性能更稳定。

9.5 耗能性能

结构在反复荷载作用下通过材料内部损伤将能量转化成热能释放,试件耗能的图形表达为反复加载过程中滞回环的形状和面积,通常采用等效黏滞阻尼系数 h_e [32] 来衡量试件的耗能能力,该系数的计算方法见第一部分。计算所得等效黏滞系数见表 9-2,第二批构件的等效黏滞阻尼系数与位移的关系曲线见图 9-4。

试件的等效黏滞系数   表 9-2

	位移	3.29	4.40	6.13	8.66	14.47	22.50	28.91	37.41
ZT1	弹性体面积	247	395	677	1127	2373	4272	5438	5950
	滞回环面积	119	163	330	615	1476	3679	6199	8793
	h_e	0.0765	0.0658	0.0774	0.0868	0.0990	0.1371	0.1814	0.2352

续上表

ZT2	位移	4.33	6.13	7.76	12.31	13.58	20.36	33.57	—
	弹性体面积	315	600	873	1648	1913	3129	4587	—
	滞回环面积	91	176	270	997	1237	4506	6171	—
	h_e	0.0459	0.0466	0.0492	0.0963	0.1030	0.1892	0.2241	—
ZT3	位移(mm)	2.84	4.02	5.57	6.58	13.19	20.23	25.99	32.98
	弹性体面积	207	361	612	778	2195	3755	4890	5251
	滞回环面积	57	123	207	190	1368	2917	4457	6971
	h_e	0.0440	0.0544	0.0539	0.0388	0.0992	0.1237	0.1451	0.2113
ZT4	位移	2.34	3.54	5.48	6.16	12.72	18.28	24.57	31.59
	弹性体面积	163	316	625	784	2197	3539	4808	4903
	滞回环面积	84	169	307	315	1510	2904	5034	7015
	h_e	0.0814	0.0851	0.0782	0.0639	0.1094	0.1306	0.1666	0.2277
Z+1	位移(mm)	1.06	3.07	6.63	8.03	16.04	23.91	37.85	47.64
	弹性体面积	32	212	737	969	2627	4169	6062	7200
	滞回环面积	24	98	328	364	2069	4833	9999	13216
	h_e	0.1194	0.0733	0.0709	0.0598	0.1254	0.1846	0.2627	0.2923
Z+2	位移	1.34	2.72	4.25	7.33	15.58	22.63	29.89	38.42
	弹性体面积	40	137	299	721	2457	3343	4604	5221
	滞回环面积	13	43	97	275	1576	3511	6341	9358
	h_e	0.0509	0.0502	0.0517	0.0607	0.1021	0.1673	0.2193	0.2854
Z+3	位移	1.45	2.95	4.80	6.69	13.76	21.37	27.03	35.46
	弹性体面积	44	152	345	613	2118	3628	4334	5178
	滞回环面积	12	39	147	291	1991	4006	7040	9310
	h_e	0.0428	0.0407	0.0678	0.0756	0.1497	0.1758	0.2587	0.2863
Z+4	位移	0.79	2.64	5.39	10.35	14.98	20.17	25.83	31.59
	弹性体面积	25	185	602	1663	2712	3746	4531	4955
	滞回环面积	23	112	284	1290	2698	4633	6480	9377
	h_e	0.1493	0.0963	0.0753	0.1235	0.1584	0.1970	0.2277	0.3014
CT1	位移(mm)	0.91	2.79	5.55	12.76	25.27	38.63	50.91	—
	弹性体面积	29	188	531	1990	4365	5492	4567	—
	滞回环面积	29	148	346	1558	5215	8731	7307	—
	h_e	0.1594	0.1256	0.1038	0.1247	0.1902	0.2531	0.2548	—

CT2	位移(mm)	1.36	3.32	5.36	11.70	24.68	34.82	45.01	—
	弹性体面积	45	200	485	1721	4605	4884	4638	—
	滞回环面积	4	118	225	670	5110	7336	5846	—
	h_e	0.1479	0.0938	0.0739	0.0620	0.1767	0.2392	0.2007	—
CT3	位移(mm)	1.17	3.05	5.10	10.87	22.95	33.16	41.63	—
	弹性体面积	39	187	470	1677	4250	5105	3865	—
	滞回环面积	32	110	250	881	4847	8136	6155	—
	h_e	0.1314	0.0939	0.0848	0.0837	0.1816	0.2538	0.2535	—
CT4	位移(mm)	1.02	3.08	5.52	11.54	26.16	34.65	46.80	—
	弹性体面积	30	204	485	1635	4665	4933	4469	—
	滞回环面积	35	168	419	1004	5782	7839	7266	—
	h_e	0.1807	0.1317	0.1374	0.0978	0.1974	0.2530	0.2589	—
CT5	位移(mm)	0.60	1.72	3.40	10.97	21.92	33.15	44.65	—
	弹性体面积	18	107	305	1800	4151	4883	4107	—
	滞回环面积	27	103	252	1378	4818	7687	7314	—
	h_e	0.2344	0.1541	0.1315	0.1219	0.1848	0.2507	0..2836	—
CT6	位移(mm)	0.84	1.92	3.07	13.05	26.03	39.60	50.33	—
	弹性体面积	26	125	286	2571	5524	5742	5239	—
	滞回环面积	24	67	144	1911	7474	11382	7547	—
	h_e	0.1483	0.0853	0.0804	0.1184	0.2155	0.3156	0.2294	—
CT8	位移(mm)	0.51	2.55	4.24	9.39	18.88	28.26	39.46	—
	弹性体面积	15	159	379	1361	3217	4773	4440	—
	滞回环面积	31	67	240	628	2872	5887	6964	—
	h_e	0.3328	0.0669	0.1008	0.0735	0.1421	0.1964	0.2497	—

（1）各试件在弹性阶段，卸载比较充分，残余变形很小，滞回环面积很小，等效黏滞阻尼系数均较小，一般在0.1左右。进入弹塑性阶段，柱底塑性铰出现，塑性变形加大，裂缝的张合消耗大量能量，各异形截面柱耗能增长速率加大。

（2）对比轴压比不同的试件CT4、CT5和CT6，轴压比较高的试件在弹塑性阶段中期耗能系数较高，试件的平均耗能系数更高。主要原因是，构件变形在轴力作用下需对外做功，此过程伴随着能量的动态变化，使总体耗能系数增大。

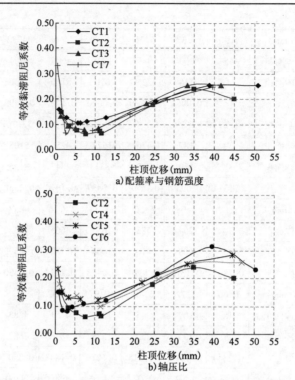

图 9-4 第二批 T 形截面柱等效黏滞阻尼系数与柱顶位移的关系曲线

（3）配箍率较高的 T 形截面柱在弹性阶段初期和弹塑性阶段初期有较高的耗能系数。出现这种现象，是因为在弹塑性阶段初期，裂缝宽度发展缓慢，而影响试件耗能性能的主要因素是裂缝的数量，箍筋间距较小的试件裂缝宽度较小而数量较多，能量耗散较大；进入大变形阶段，裂缝数量基本不再增多而宽度急剧增大，裂缝不再是耗能的主要因素。

9.6 本章小结

本章分析了各试件在低周反复荷载作用下的承载能力、滞回特性、骨架特性、刚度退化和耗能性能，对比研究了轴压比、配箍率和钢筋强度对钢筋混凝土异形柱抗震性能的影响，主要得到以下结论：

（1）提高配置 HRB500、600MPa 钢筋的混凝土异形柱试件配箍率，可以提高试件承载力、变形能力和延性；提高配置 HRB500、600MPa 钢筋的混凝土异形柱轴压比，试件承载力有所提高，但变形能力以及延性性能降低。配置 600MPa 级钢筋混凝土异形柱的延性相对配置 HRB500 钢筋的试件较低。

(2)配置 HRB500、600MPa 钢筋的混凝土异形柱试件滞回曲线和骨架曲线具有明显的不对称现象。加密箍筋可以在一定程度上提高试件滞回曲线的饱满程度,有效缓解试件的刚度退化现象;轴压比较大的试件,骨架曲线趋于对称,极限承载力较高,但试件经历极限荷载后,承载力下降较快。

(3)配置 HRB500、600MPa 钢筋的混凝土异形柱试件的初始刚度不对称,随试验的继续,裂缝的开合引起截面削弱和钢筋混凝土之间的锚固滑移,使正负向刚度差异减小。箍筋间距较小的配置 HRB500、600MPa 钢筋的混凝土异形柱试件加载时,刚度退化较为稳定且加载初期刚度退化较缓慢,轴压比的提高可以提高试件整体刚度。

(4)配箍率较高的配置 HRB500、600MPa 钢筋的混凝土异形柱试件在弹性阶段初期和弹塑性阶段初期有较高的耗能系数,而轴压比较高的配置 HRB500、600MPa 钢筋的混凝土异形柱试件在弹塑性阶段中期耗能系数较高,该试件的平均耗能系数更高。

(5)配置 HRB500、600MPa 钢筋的混凝土异形柱具有较高的承载能力和较为充分的耗能能力,强度和刚度退化平缓,具有较好的抗震性能。

第二篇参考文献

[1] 住房和城乡建设部标准定额司. 高强钢筋应用技术指南[M]. 北京:中国建筑工业出版社,2013. 1-8.

[2] 范重,徐琳,冯远,等. 高强钢筋在工程中应用的探讨[J]. 结构工程师,2013,29(6):169-176.

[3] 赵毅明,张磊,邓凤琴. 大力推广应用高强钢筋高效节材适应绿色发展[J]. 工程建设标准化,2014,(1):33-37.

[4] 冯建,平陈谦,卫园,等. L形和T形截面柱正截面承载力的研究[J]. 华南理工大学学报.1995,23(1):54-61.

[5] 王超,刘伊生. 高强钢筋应用的经济及社会效益比较[J]. 北京交通大学学报,2008,6(32):26-31.

[6] 宋玉峰,李巍娜,黄丹心. 推广应用高强钢筋的分析与思考[J]. 广西城镇建设,2013,(5):106–108.

[7] 中华人民共和国国家标准. GB 50010—2010 混凝土结构技术规范[S]. 北京:中国建筑工业出版社,2010.

[8] 中华人民共和国行业标准. JGJ 149—2006 混凝土异形柱结构技术规程[S]. 北京:中国建筑工业出版社,2006.

[9] 中华人民共和国国家标准. GB 50011—2010 建筑抗震设计规范[S]. 北京:中国建筑工业出版社,2010.

[10] 曹万林,王光远,吴建有,等. 不同方向周期往复荷载作用下L形柱的性能[J]. 地震工程与工程振动.1995,15(1):67-72.

[11] 曹万林,王光远,魏文湘,等. 不同方向周期往复荷载作用下T形柱的性能[J]. 地震工程与工程振动.1995,(4):76-84.

[12] 曹万林,庞国新,吴二军,等. 钢筋混凝土带暗柱T形柱的抗震性能试验研究[J]. 世界地震工程.1999,15(3):47-51,62.

[13] 曹万林,高树军,田宝发,等. 钢筋混凝土T形柱的非线性分析[J]. 世界地震工程,1996(1):32-37.

[14] 曹万林,庞国新,卢立炜,等. 较小剪跨比带暗柱T形柱抗震性能试验研究[J]. 世界地震工程,1999,19(4):61-66.

[15] 曹万林,黄选明,宋文勇,等 带交叉钢筋异形截面短柱抗震性能试验研究及非线性分析[J].建筑结构学报,2005,26(3):30-37.

[16] 苏小卒,张荣,王磊,等 钢筋混凝土异形柱抗震性能的试验研究[J].结构工程师,2007,23(3):49-64.

[17] 王铁成,张学辉,康谷贻,等 两种混凝土异形柱框架抗震性能试验对比[J].天津大学学报,2007,40(7):791-798.

[18] 王依群,许贻懂,陈云霞.钢筋混凝土异形柱的轴压比限值与配箍构造[J].天津大学学报,2006,39(3):295-300.

[19] L N Ramamurthy, T A Hafeez Khan. L-shaped column design for biaxial eccentricity[J]. Journal of Structural Engineering, 1983, 109(8):1903-1917.

[20] M. Kawakami. Limit States of Cracking and Ultimate Strength of Arbitrary Concrete Sections under Biaxial Bending. ACI Structural Journal, March-April, 1985.

[21] Hsu. Cheng-Tzu Thomas. Biaxial Loaded L-shaped Reinforced Concrete Columns[J]. Journal of Structural Engineering, ASCE, 1985, V. 111, No. 12: 2576-2595.

[22] Hsu. Cheng, Tzu Thomas. Channel-shaped Reinforced Concrete Compression Members under Biaxial Bending[J]. ACI Structural Journal, 1987, V 84, No. 3: 201-211.

[23] Hsu. Cheng-Tzu Thomas. T-shaped Reinforced Concrete Members under Biaxial Bending and Axial Compression[J]. ACI Structural Journal, 1989, V86, No. 4: 460-468.

[24] Mallikarjunal, Mahadevappa P. Computer-Aided Analysis of Reinforced Concrete Columns Subjected To Axial Compression and Bending-I:L-shaped Sections. Computer and Structures, 1992, 44(5).

[25] Mallikarjunal, Mahadevappa P. Computer Aided Analysis of Reinforced Concrete Columns Subjected To Axial Compression and Bending-I:T-shaped Sections. Computer and Structures,1993, 52(6).

[26] C. Dundar, B. Sahin. Arbitrarily shaped Reinforced Concrete Members Subject to Biaxial Bending and Axial Load. Computer and Structures,1993,44(4).

[27] 中华人民共和国行业标准.GB/T 228.1—2010 金属材料 拉伸试验 第1部分:室温试验方法[S].北京:中国标准出版社,2011.

［28］中华人民共和国国家标准. GB 1499.2—2007　钢筋混凝土用钢　第 2 部分：热轧带肋钢筋［S］. 北京：中国质检出版社，2012.

［29］中华人民共和国行业标准. GB/T 50081—2002　普通混凝土力学性能试验方法标准［S］. 北京：中国建筑工业出版社，2002.

［30］中华人民共和国行业标准. GB/T 50152—2012　混凝土结构试验方法标准［S］. 北京：中国建筑工业出版社，2012.

［31］陶湘华. 异形柱抗震性能试验与理论研究［D］. 上海：同济大学，2005.

［32］中华人民共和国行业标准. JGJ 101—2015　建筑抗震试验规程［S］. 北京：中国建筑工业出版社，2015.